职业教育"十三五"

数字媒体应用人才培养规划教材

Photoshop+CorelDRAW

平面设计

实例教程

（第4版）

◎ 李松月 周学军 主编

◎ 曾欣 王红纪 宗坤 副主编

◎ 赵松林 参编

人民邮电出版社

北　京

图书在版编目（ＣＩＰ）数据

Photoshop+CorelDRAW平面设计实例教程：第4版 /
李松月，周学军主编. -- 北京：人民邮电出版社，
2016.9
职业教育"十三五"数字媒体应用人才培养规划教材
ISBN 978-7-115-42079-4

Ⅰ. ①P… Ⅱ. ①李… ②周… Ⅲ. ①平面设计—图象
处理软件—高等职业教育—教材 Ⅳ. ①TP391.41

中国版本图书馆CIP数据核字(2016)第060497号

内 容 提 要

Photoshop 和 CorelDRAW 是当今流行的图像处理和矢量图形设计软件，广泛应用于平面设计、包装装潢、彩色出版等诸多领域。

本书共分为 12 章，分别详细讲解了平面设计基础知识、标志设计、卡片设计、书籍装帧设计、唱片封面设计、室内平面图设计、宣传单设计、广告设计、海报设计、杂志设计、包装设计、网页设计等内容。

本书根据高职院校教师和学生的实际需求，以平面设计的典型应用为主线，通过多个精彩实用的案例，全面细致地讲解如何利用 Photoshop 和 CorelDRAW 来完成专业的平面设计项目；使学生能够在掌握软件功能和制作技巧的基础上，启发设计灵感，开拓设计思路，提高设计能力。

本书适合作为高等职业院校"数字媒体艺术"专业课程的教材，也可以供 Photoshop 和 CorelDRAW 的初学者及有一定平面设计经验的读者阅读，同时适合培训班选作 Photoshop 和 CorelDRAW 平面设计课程的教材。

◆ 主　　编　李松月　周学军
　　副主编　曾　欣　王红纪　宗　坤
　　责任编辑　桑　珊
　　责任印制　焦志炜
◆ 人民邮电出版社出版发行　　北京市丰台区成寿寺路 11 号
　　邮编　100164　电子邮件　315@ptpress.com.cn
　　网址　http://www.ptpress.com.cn
　　北京九州迅驰传媒文化有限公司印刷
◆ 开本：787×1092　1/16
　　印张：15　　　　　　　　2016 年 9 月第 1 版
　　字数：394 千字　　　　　2025 年 1 月北京第 13 次印刷

定价：42.00 元（附光盘）

读者服务热线：(010)81055256　印装质量热线：(010)81055316
反盗版热线：(010)81055315
广告经营许可证：京东市监广登字 20170147 号

第 4 版前言 FOREWORD

Photoshop 和 CorelDRAW 自推出之日起就深受平面设计人员的喜爱，是当今流行的图像处理和矢量图形设计软件。Photoshop 和 CorelDRAW 广泛应用于平面设计、包装装潢、彩色出版等诸多领域。在实际的平面设计和制作工作中，是很少用单一软件来完成工作的，要想出色地完成一件平面设计作品，需利用不同软件各自的优势，并将其巧妙地结合使用。

本书根据高职院校教师和学生的实际需求，以平面设计的典型应用为主线，通过多个精彩实用的案例，全面细致地讲解如何利用 Photoshop 和 CorelDRAW 来完成专业的平面设计项目。

本书基于来自专业平面设计公司的商业案例，详细地讲解了运用 Photoshop 和 CorelDRAW 制作这些案例的流程和技法，并在此过程中融入了实践经验以及相关知识。本书努力做到操作步骤清晰准确，使学生能够在掌握软件功能和制作技巧的基础上，启发设计灵感，开拓设计思路，提高设计能力。

本书配套光盘中包含了书中所有案例的素材及效果文件。另外，为方便教师教学，本书配备了详尽的课后习题操作步骤以及 PPT 课件、教学大纲等丰富的教学资源，任课教师可到人邮教育社区（www.ryjiaoyu.com）免费下载使用。本书的参考学时为 56 学时，其中实训环节为 22 学时，各章的参考学时参见下面的学时分配表。

章　节	课 程 内 容	学 时 分 配	
		讲　授	实　训
第 1 章	平面设计基础知识	2	
第 2 章	标志设计	2	2
第 3 章	卡片设计	3	2
第 4 章	书籍装帧设计	3	2
第 5 章	唱片封面设计	3	2
第 6 章	室内平面图设计	3	2
第 7 章	宣传单设计	3	2
第 8 章	广告设计	3	2
第 9 章	海报设计	3	2
第 10 章	杂志设计	3	2
第 11 章	包装设计	4	2
第 12 章	网页设计	2	2
课 时 总 计		34	22

　　本书由北京信息职业技术学院李松月、江西现代职业技术学院周学军任主编，哈尔滨信息工程学院曾欣、漯河职业技术学院王红纪、商丘职业技术学院宗坤任副主编，参与编写的还有商丘职业技术学院赵松林。其中，李松月编写了第 1 章~第 3 章，以及第 9 章，曾欣编写了第 4 章和第 5 章，王红纪编写了第 6 章，周学军编写了第 7 章、第 8 章和第 10 章，宗坤编写了第 11 章，赵松林编写了第 12 章。

　　由于编者水平有限，书中难免存在错误和不妥之处，敬请广大读者批评指正。

编 者

2016 年 6 月

Photoshop+CorelDRAW
教学辅助资源及配套教辅

素材类型	名称或数量	素材类型	名称或数量
教学大纲	1 套	课堂实例	27 个
电子教案	12 单元	课后实例	18 个
PPT 课件	12 个	课后答案	18 个
第 2 章 标志设计	电影公司标志设计	第 8 章 广告设计	汽车广告设计
	橄榄球标志设计		红酒广告设计
第 3 章 卡片设计	中秋贺卡正面设计	第 9 章 海报设计	茶艺海报设计
	中秋贺卡背面设计		圣诞节海报设计
	新年贺卡设计	第 10 章 杂志设计	杂志封面设计
第 4 章 书籍装帧设计	美食书籍封面设计		杂志栏目设计
	旅游书籍封面设计		化妆品栏目设计
第 5 章 唱片封面设计	瑜伽养生唱片封面设计		旅游栏目设计
	钢琴唱片封面设计		美食栏目设计
第 6 章 室内平面图设计	室内平面图设计	第 11 章 包装设计	薯片包装设计
	新锐花园室内平面图设计		糖果包装设计
第 7 章 宣传单设计	商场宣传单设计	第 12 章 网页设计	家居网页设计
	钻戒宣传单设计		慕斯网页设计

CONTENTS
目录

目　录

1

CONTENTS
目录

CONTENTS
目录

第 1 章　平面设计基础知识

本章主要介绍了平面设计的基础知识，其中包括位图和矢量图、分辨率、图像的色彩模式和文件格式、页面设置和图片大小、出血、文字转换、印前检查和小样等内容。通过本章的学习，学生可以快速掌握平面设计的基本概念和基础知识，有助于更好地开始平面设计的学习和实践。

课堂学习目标	/ 了解位图、矢量图和分辨率
	/ 掌握图像的色彩模式
	/ 掌握页面设置的方法
	/ 掌握改变图片大小的技巧
	/ 掌握出血的设置技巧
	/ 掌握文字转换的方法
	/ 了解印前检查和打印小样的方法

1.1　位图与矢量图

图像文件可以分为两大类：位图图像和矢量图形。在绘图或处理图像过程中，这两种类型的图像可以相互交叉使用。

1.1.1　位图与矢量图

位图图像也称为点阵图像，它是由许多单独的小方块组成的。这些小方块又称为像素点，每个像素点都有特定的位置和颜色值，不同排列和着色的像素点组成了一幅色彩丰富的图像。位图图像的显示效果与像素点是紧密联系在一起的，像素点越多，图像的分辨率越高，相应地，图像的文件量也会随之增大。

图像的原始效果如图 1-1 所示，使用放大工具放大后，可以清晰地看到像素的小方块形状与不同的颜色，效果如图 1-2 所示。

图 1-1　　　　　　　　　　图 1-2

位图与分辨率有关，如果在屏幕上以较大的倍数放大显示图像，或以低于创建时的分辨率打印图像，图像就会出现锯齿状的边缘，并且会丢失细节。

1.1.2 矢量图

矢量图也称为向量图，它是一种基于图形的几何特性来描述的图像。矢量图中的各种图形元素被称为对象，每一个对象都是独立的个体，都具有大小、颜色、形状、轮廓等特性。

矢量图与分辨率无关，可以将它缩放到任意大小，其清晰度不变，也不会出现锯齿状的边缘。矢量图在任何分辨率下显示或打印，都不会损失细节。图形的原始效果如图 1-3 所示，使用放大工具放大后，其清晰度不变，效果如图 1-4 所示。

图 1-3　　　　　　　　　　　　　　图 1-4

矢量图文件所占的容量较小，但这种图形的缺点是不易制作色调丰富的图像，而且绘制出来的图形无法像位图那样精确地描绘各种绚丽的景象。

1.2　分辨率

分辨率是用于描述图像文件信息的术语。分辨率分为图像分辨率、屏幕分辨率和输出分辨率。下面分别进行介绍。

1.2.1 图像分辨率

在 Photoshop CC 中，图像中每单位长度上的像素数目称为图像的分辨率，其单位为像素/英寸或是像素/厘米。

在相同尺寸的两幅图像中，高分辨率的图像比低分辨率的图像所包含的像素多。例如，一幅尺寸为 1 英寸×1 英寸的图像，其分辨率为 72 像素/英寸，这幅图像包含 5 184 个像素（ 72×72 = 5 184 ）；而同样尺寸，分辨率为 300 像素/英寸的图像包含 90 000 个像素。相同尺寸下，分辨率为 72 像素/英寸的图像效果如图 1-5 所示，分辨率为 300 像素/英寸的图像效果如图 1-6 所示。由此可见，在相同尺寸下，高分辨率的图像能更清晰地表现图像内容。

提示　　如果一幅图像所包含的像素是固定的，那么增加图像尺寸，就会降低图像的分辨率。

图 1-5　　　　　　　　　　　　　　图 1-6

1.2.2　屏幕分辨率

屏幕分辨率是显示器上每单位长度显示的像素数目。屏幕分辨率取决于显示器的大小及其像素设置。PC 显示器的分辨率一般约为 96 像素/英寸，Mac 显示器的分辨率一般约为 72 像素/英寸。在 Photoshop CC 中，图像像素被直接转换成显示器像素，当图像分辨率高于显示器分辨率时，屏幕中显示出的图像比实际尺寸大。

1.2.3　输出分辨率

输出分辨率是照排机或打印机等输出设备产生的每英寸的油墨点数（dpi）。打印机的分辨率在 720 dpi 以上，可以使图像获得比较好的效果。

1.3　色彩模式

Photoshop 和 CorelDRAW 提供了多种色彩模式，这些色彩模式正是作品能够在屏幕和印刷品上成功表现的重要保障。在这里重点介绍几种经常使用到的色彩模式，包括 CMYK 模式、RGB 模式、灰度模式及 Lab 模式。每种色彩模式都有不同的色域，并且各个模式之间可以相互转换。

1.3.1　CMYK 模式

CMYK 代表了印刷上用的 4 种油墨色：C 代表青色，M 代表洋红色，Y 代表黄色，K 代表黑色。CMYK 模式在印刷时应用了色彩学中的减法混合原理，即减色色彩模式，它是图片、插图和其他作品中最常用的一种印刷方式。这是因为在印刷中通常都要进行四色分色，出四色胶片，然后再进行印刷。

在 Photoshop 中，CMYK 颜色控制面板如图 1-7 所示，可以在其中设置 CMYK 颜色。在 CorelDRAW 的均匀填充对话框中选择 CMYK 色彩模式，可以设置 CMYK 颜色，如图 1-8 所示。

提示

在使用 Photoshop 制作平面设计作品时，一般会把图像文件的色彩模式设置为 CMYK 模式。在使用 CorelDRAW 制作平面设计作品时，绘制的矢量图形和制作的文字都要使用 CMYK 颜色。

Photoshop+CorelDRAW 平面设计实例教程（第 4 版）

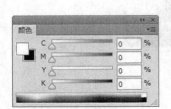

图 1-7

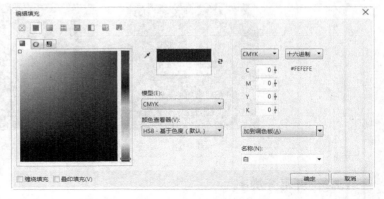

图 1-8

可以在建立一个新的 Photoshop 图像文件时就选择 CMYK 四色印刷模式，如图 1-9 所示。

图 1-9

> **提示**
>
> 在建立新的 Photoshop 文件时，就选择 CMYK 四色印刷模式。这种方式的优点是防止最后的颜色失真，因为在整个作品的制作过程中，所制作的图像都在可印刷的色域中。

在制作过程中，可以选择"图像 > 模式 > CMYK 颜色"命令，将图像转换成 CMYK 四色印刷模式。但是一定要注意，在图像转换为 CMYK 四色印刷模式后，就无法再变回原来图像的 RGB 色彩了，因为 RGB 的色彩模式在转换成 CMYK 色彩模式时，色域外的颜色会变暗，这样才能使整个色彩成为可以印刷的文件。因此，在将 RGB 模式转换成 CMYK 模式之前，可以选择"视图 > 校样设置 > 工作中的 CMYK"命令，预览一下转换成 CMYK 色彩模式后的图像效果，如果不满意 CMYK 色彩模式的效果，还可以根据需要对图像进行调整。

1.3.2　RGB 模式

RGB 模式是一种加色模式，它通过红、绿、蓝 3 种色光相叠加而形成更多的颜色。RGB 是色光的彩色模式，一幅 24 位色彩范围的 RGB 图像有 3 个色彩信息通道：红色（R）、绿色（G）和蓝色（B）。在 Photoshop 中，RGB 颜色控制面板如图 1-10 所示。在 CorelDRAW 的均匀填充对话框中选择RGB 色彩模式，可以设置 RGB 颜色，如图 1-11 所示。

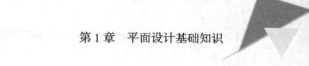

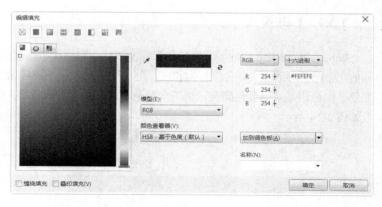

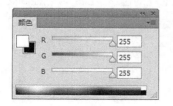

图 1-10　　　　　　　　　　　　　　　　　　　　　　　　图 1-11

　　每个通道都有 8 位的色彩信息—— 一个 0 ~ 255 的亮度值色域，也就是说，每一种色彩都有 256 个亮度水平级。3 种色彩相叠加，可以有 256 × 256 × 256 ≈ 1 670 万种可能的颜色，这 1 670 万种颜色足以表现出绚丽多彩的世界。

　　在 Photoshop CC 中编辑图像时，RGB 色彩模式应是最佳的选择，因为它可以提供全屏幕的多达 24 位的色彩范围，一些计算机领域的色彩专家称之为 "True Color" 真彩显示。

> **提示**
>
> 　　一般在视频编辑和设计过程中，使用 RGB 模式来编辑和处理图像。

1.3.3　灰度模式

　　灰度模式下的灰度图又称为 8 比特深度图。每个像素用 8 个二进制数表示，能产生 2 的 8 次方，即 256 级灰色调。当一个彩色文件被转换为灰度模式文件时，所有的颜色信息都将从文件中丢失。尽管 Photoshop 允许将一个灰度文件转换为彩色模式文件，但不可能将原来的颜色完全还原。所以，当要转换灰度模式时，应先做好图像的备份。

　　像黑白照片一样，一个灰度模式的图像没有色相和饱和度这两种颜色信息，只有明暗值，0%代表白，100%代表黑，其中的 K 值用于衡量黑色油墨用量。在 Photoshop 中，颜色控制面板如图 1-12 所示。在 CorelDRAW 中的均匀填充对话框中选择灰度色彩模式，可以设置灰度颜色，如图 1-13 所示。

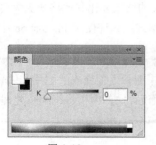

图 1-12　　　　　　　　　　　　　　　　　　　　图 1-13

1.3.4　Lab 模式

Lab 是 Photoshop 中的一种国际色彩标准模式，它由 3 个通道组成：一个通道是透明度，即 L；其他两个是色彩通道，即色相和饱和度，用 a 和 b 表示。a 通道包括的颜色值从深绿到灰，再到亮粉红色；b 通道是从亮蓝色到灰，再到焦黄色。这种色彩混合后将产生明亮的色彩。Lab 颜色控制面板如图 1-14 所示。

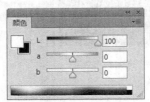

图 1-14

Lab 模式在理论上包括了人眼可见的所有色彩，它弥补了 CMYK 模式和 RGB 模式的不足。在这种模式下，图像的处理速度比在 CMYK 模式下快数倍，与在 RGB 模式下的速度相仿。此外，在把 Lab 模式转换成 CMYK 模式的过程中，所有的色彩不会丢失或被替换。

提示　　在 Photoshop 中将 RGB 模式转换成 CMYK 模式时，可以先将 RGB 模式转换成 Lab 模式，然后再从 Lab 模式转成 CMYK 模式。这样会减少图片的颜色损失。

1.4　文件格式

当平面设计作品制作完成后就要进行存储，这时，选择一种合适的文件格式就显得十分重要。在 Photoshop 和 CorelDRAW 中有 20 多种文件格式可供选择。在这些文件格式中，既有 Photoshop 和 CorelDRAW 的专用格式，也有用于应用程序交换的文件格式，还有一些比较特殊的格式。下面重点介绍几种平面设计中常用的文件存储格式。

1.4.1　TIF 格式

TIF 也称 TIFF，是标签图像格式。TIF 格式对于色彩通道图像来说具有很强的可移植性，它可以用于 PC、Macintosh 和 UNIX 工作站三大平台，是这三大平台上使用最广泛的绘图格式。

用 TIF（TIFF）格式存储时应考虑到文件的大小，因为 TIF 格式的结构要比其他格式更大更复杂。但 TIF 格式支持 24 个通道，能存储多于 4 个通道的文件。TIF 格式还允许使用 Photoshop 中的复杂工具和滤镜特效。

提示　　TIF 格式非常适合于印刷和输出。在 Photoshop 中编辑处理完成的图片文件一般都会存储为 TIF 格式，然后导入 CorelDRAW 的平面设计文件中再进行编辑处理。

1.4.2　CDR 格式

CDR 格式是 CorelDRAW 的专用图形文件格式。由于 CorelDRAW 是矢量图形绘制软件，因此 CDR 可以记录文件的属性、位置、分页等。但它在兼容度上比较差，在所有 CorelDRAW 应用程序中均能够使用，而其他图像编辑软件却无法打开此类文件。

1.4.3　PSD 格式

PSD 格式是 Photoshop 软件自身的专用文件格式。PSD 格式能够保存图像数据的细小部分，如图层、蒙版、通道等 Photoshop 对图像进行特殊处理的信息。在没有最终决定图像的存储格式前，最好先以这种格式存储。另外，Photoshop 打开和存储这种格式的文件较其他格式更快。

1.4.4　AI 格式

AI 是一种矢量图片格式，是 Adobe 公司的 Illustrator 软件的专用格式。它的兼容度比较高，可以在 CorelDRAW 中打开，也可以将 CDR 格式的文件导出为 AI 格式。

1.4.5　JPEG 格式

JPEG 是 Joint Photographic Experts Group 的首字母缩写，译为联合图片专家组，它既是 Photoshop 支持的一种文件格式，也是一种压缩方案。JPEG 格式是 Macintosh 上常用的一种存储类型。JPEG 格式是压缩格式中的"佼佼者"，与 TIF 文件格式采用的 LIW 无损失压缩相比，它的压缩比例更大。但它使用的有损失压缩会丢失部分数据。用户可以在存储前选择图像的最后质量，这样就能控制数据的损失程度。

在 Photoshop 中，可以选择低、中、高和最高 4 种图像压缩品质。以最高质量保存图像比其他质量的保存形式占用更大的磁盘空间。而选择低质量保存图像则会使损失的数据较多，但占用的磁盘空间较少。

1.5　页面设置

1.5.1　在 Photoshop 中设置页面

选择"文件 > 新建"命令，弹出"新建"对话框，如图 1-15 所示。在对话框中，"名称"选项后的文本框中可以输入新建图像的文件名，"预设"选项后的下拉列表用于自定义或选择其他固定格式文件的大小，在"宽度"和"高度"选项后的数值框中可以输入需要设置的宽度和高度的数值，在"分辨率"选项后的数值框中可以输入需要设置的分辨率。

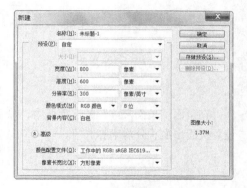

图 1-15

图像的宽度和高度可以设定为像素或厘米，单击"宽度"和"高度"选项下拉列表后面的黑色三角按钮✓，弹出计量单位下拉列表，可以选择计量单位。

"分辨率"选项可以设定每英寸的像素数或每厘米的像素数，一般在进行屏幕练习时，设定为 72 像素/英寸；在进行平面设计时，分辨率设定为输出设备的半调网屏频率的 1.5～2 倍，一般为 300 像素/英寸。单击"确定"按钮，新建页面。

 提 示　　　　每英寸像素数越高，图像的效果越好，但图像的文件也越大。应根据需要设定合适的分辨率。

1.5.2　在 CorelDRAW 中设置页面

在实际工作中，往往要利用像 CorelDRAW 这样的优秀平面设计软件来完成印前的制作任务，随后才是出胶片、送印厂。这就要求我们在设计、制作前设置好作品的尺寸。为了方便广大用户使用，CorelDRAW X7 预设了 50 多种页面样式供用户选择。

在新建的 CorelDRAW 文档窗口中，属性栏可以设置纸张的类型大小、纸张的高度和宽度、纸张的放置方向等，如图 1-16 所示。

图 1-16

选择"布局 >页面设置"命令，弹出"选项"对话框，如图 1-17 所示，在这里可以进行更多的设置。

图 1-17

在页面"页面尺寸"的选项框中，除了可对版面纸张类型大小、放置方向等进行设置外，还可设置页面出血、分辨率等选项。

1.6 ▾ 图片大小

在完成平面设计任务的过程中，为了更好地编辑图像或图形，经常需要调整图像或者图形的大小。下面介绍图像或图形大小的调整方法。

1.6.1　在 Photoshop 中调整图像大小

打开一幅图像，选择"图像 > 图像大小"命令，弹出"图像大小"对话框，如图 1-18 所示。"调整为"选项可选取需要调整的图像大小，如图 1-19 所示。

图 1-18　　　　　　　　　　　　　　　图 1-19

取消勾选"重新采样"复选框，此时，"宽度""高度"和"分辨率"选项被关联在一起，如图 1-20 所示。在像素总量不变的情况下，将"宽度"和"高度"选项的值增大，则"分辨率"选项的值就相应地减小，如图 1-21 所示。勾选"重新采样"复选框，将"宽度"和"高度"选项的值减小，"分辨率"选项的值保持不变，像素总量将变小，如图 1-22 所示。在所有选项右侧的下拉列表中进行设置可改变选项数值的计量单位，如图 1-23 所示。

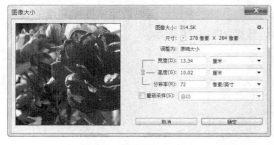

图 1-20　　　　　　　　　　　　　　　图 1-21

图 1-22

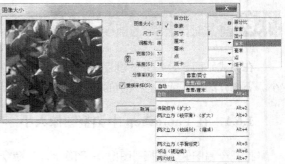

图 1-23

提 示　　　在设计制作的过程中，位图的分辨率一般为 300 像素/英寸，编辑位图的尺寸可以从大尺寸图调整到小尺寸图，这样没有图像品质的损失。如果从小尺寸图调整到大尺寸图，就会造成图像品质的损失，如图片模糊等。

1.6.2　在 CorelDRAW 中调整图像大小

打开光盘中的"Ch01 > 素材 > 05"文件。使用"选择"工具 ，选取要缩放的对象，对象的周围出现控制手柄，如图 1-24 所示。用鼠标拖曳控制手柄可以缩小或放大对象，如图 1-25 所示。

图 1-24

图 1-25

选择"选择"工具 ，并选取要缩放的对象，对象的周围出现控制手柄，如图 1-26 所示，这时的属性栏如图 1-27 所示。在属性栏"对象的大小"选项 中根据设计需要调整宽度和高度的数值，如图 1-28 所示，按 Enter 键确认，完成对象的缩放，效果如图 1-29 所示。

图 1-26

图 1-27

图 1-28

图 1-29

1.7　出血

印刷装订工艺要求接触到页面边缘的线条、图片或色块，须跨出页面边缘的成品裁切线 3mm，称为出血。出血是防止裁刀裁切到成品尺寸里面的图文或出现白边。下面将以贵宾卡的制作为例，对如何在 Photoshop 或 CorelDRAW 中设置卡片的出血进行细致的介绍。

1.7.1　在 Photoshop 中设置出血

（1）要求制作的卡片的成品尺寸是 90mm×55mm，如果卡片有底色或花纹，则需要将底色或花纹跨出页面边缘的成品裁切线 3mm。因此，在 Photoshop 中，新建文件的页面尺寸需要设置为 96mm×61mm。

（2）按 Ctrl+N 组合键，弹出"新建"对话框，选项的设置如图 1-30 所示；单击"确定"按钮，效果如图 1-31 所示。

图 1-30　　　　　　　　　　　　　　　　　图 1-31

（3）选择"视图 > 新建参考线"命令，弹出"新建参考线"对话框，设置如图 1-32 所示；单击"确定"按钮，效果如图 1-33 所示。用相同的方法，在 58mm 处新建一条水平参考线，效果如图 1-34 所示。

图 1-32　　　　　　　　　　图 1-33　　　　　　　　　　图 1-34

（4）选择"视图 > 新建参考线"命令，弹出"新建参考线"对话框，设置如图 1-35 所示；单击"确定"按钮，效果如图 1-36 所示。用相同的方法，在 93mm 处新建一条垂直参考线，效果如图 1-37 所示。

图 1-35   图 1-36   图 1-37

（5）将前景色设为浅黄色（其 R、G、B 值分别为 94、3、16）。按 Alt+Delete 组合键，用前景色填充"背景"图层，效果如图 1-38 所示。按 Ctrl+O 组合键，打开光盘中的"Ch01 > 素材 > 06"文件，选择"移动"工具 ，将其拖曳到新建的未标题-1 文件窗口中，如图 1-39 所示；在"图层"控制面板中生成新的图层"图层 1"。

（6）按 Ctrl+E 组合键，合并可见图层。按 Ctrl+S 组合键，弹出"存储为"对话框，将其命名为"贵宾卡背景"，保存为 TIFF 格式。单击"保存"按钮，弹出"TIFF 选项"对话框，再单击"确定"按钮将图像保存。

图 1-38   图 1-39

1.7.2　在 CorelDRAW 中设置出血

（1）要求制作卡片的成品尺寸是 90mm×55mm，需要设置的出血是 3mm。

（2）按 Ctrl+N 组合键，新建一个文档。选择"布局 > 页面设置"命令，弹出"选项"对话框，在"文档"设置区的"页面尺寸"选项框中，设置"宽度"选项的数值为 90mm，设置"高度"选项的数值为 55mm，设置出血选项的数值为 3mm，在设置区中勾选"显示出血区域"复选框，如图 1-40 所示；单击"确定"按钮，页面效果如图 1-41 所示。

（3）在页面中，实线框为卡片的成品尺寸 90mm×55mm，虚线框为出血尺寸，在虚线框和实线框四边之间的空白区域是 3mm 的出血设置，示意如图 1-42 所示。

图 1-40

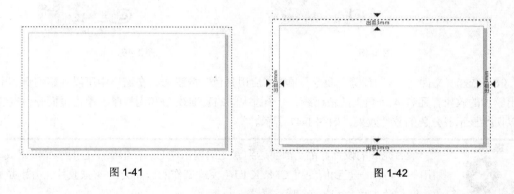

图 1-41　　　　　　　　　　　　　　　　　　　图 1-42

（4）按 Ctrl+I 组合键，弹出"导入"对话框，打开光盘中的"Ch01 > 效果 > 贵宾卡背景"文件，如图 1-43 所示，并单击"导入"按钮。在页面中单击导入图片，按 P 键，使图片与页面居中对齐，效果如图 1-44 所示。

图 1-43　　　　　　　　　　　　　　　　　　　图 1-44

提 示

导入的图像是位图，所以导入图像之后，页边框被图像遮挡在下面，不能显示。

（5）按 Ctrl+I 组合键，弹出"导入"对话框，打开光盘中的"Ch01 > 素材 > 07"文件，单击"导入"按钮。在页面中单击导入图片，选择"选择"工具，将其拖曳到适当的位置，效果如图 1-45 所示。选择"文本"工具，在页面中分别输入需要的文字。选择"选择"工具，分别在属性栏中选择合适的字体并设置文字大小，分别填充适当的颜色，效果如图 1-46 所示。选择"视图 > 显示 > 出血"命令，将出血线隐藏。

图 1-45

图 1-46

（6）选择"文件 > 打印预览"命令，单击"启用分色"按钮，在窗口中可以观察到贵宾卡将来出胶片的效果，还有 4 个角上的裁切线、4 个边中间的套准线和测控条。单击页面分色按钮，可以切换显示各分色的胶片效果，如图 1-47 所示。

提 示

最后完成的设计作品，都要送到专业的输出中心，在输出中心把作品输出成印刷用的胶片。一般我们使用 CMYK 四色模式制作的作品会出 4 张胶片，分别是青色、洋红色、黄色和黑色四色胶片。

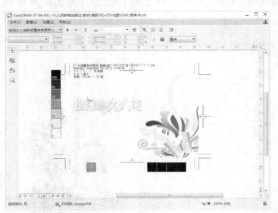
青色胶片

品红胶片

图 1-47

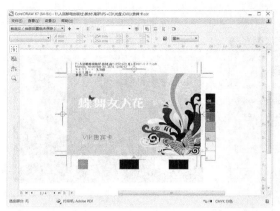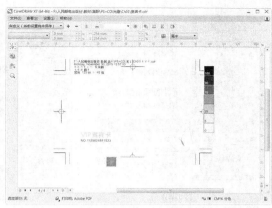

黄色胶片　　　　　　　　　　　　黑色胶片

图 1-47（续）

（7）最后制作完成的设计作品效果如图 1-48 所示。按 Ctrl+S 组合键，弹出"保存图形"对话框，将其命名为"贵宾卡"，保存为 CDR 格式，单击"保存"按钮将图像保存。

图 1-48

1.8　文字的转换

在 Photoshop 和 CorelDRAW 中输入文字时，都需要选择文字的字体。文字的字体安装在计算机、打印机或照排机的文件中。字体就是文字的外在形态，当设计师选择的字体与输出中心的字体不匹配时，或者根本就没有设计师选择的字体时，出来的胶片上的文字就不是设计师选择的字体，也可能出现乱码。下面讲解如何在 Photoshop 和 CorelDRAW 中进行文字转换来避免出现这样的问题。

1.8.1　在 Photoshop 中转换文字

打开光盘中的"Ch01 > 素材 > 08"文件，在"图层"控制面板中选中需要的文字图层，单击鼠标右键，在弹出的菜单中选择"栅格化文字"命令，如图 1-49 所示。将文字图层转换为普通图层，就是将文字转换为图像，如图 1-50 所示。在图像窗口中的文字效果如图 1-51 所示。转换为普通图层后，出片文件将不会出现字体的匹配问题。

图 1-49

图 1-50

图 1-51

1.8.2 在 CorelDRAW 中转换文字

打开光盘中的"Ch01 > 效果 > 贵宾卡.cdr"文件。选择"选择"工具 ，按住 Shift 键的同时单击输入的文字将其同时选取，如图 1-52 所示。选择"排列 > 转换为曲线"命令，将文字转换为曲线，如图 1-53 所示。按 Ctrl+S 组合键，将文件保存。

图 1-52

图 1-53

提示

将文字转换为曲线，就是将文字转换为图形。这样，在输出中心就不会出现文字的匹配问题，在胶片上也不会形成乱码。

1.9 印前检查

在 CorelDRAW 中，可以对设计制作好的名片进行印前的常规检查。

打开光盘中的"Ch01 > 效果 > 贵宾卡.cdr"文件，效果如图 1-54 所示。选择"文件 > 文档属性"命令，在弹出的对话框中可查看文件、文档、图形对象、文本统计、位图对象、样式、效果、填充、轮廓等多方面的信息，如图 1-55 所示。

在"文件"信息组中可查看文件的名称和位置、大小、创建和修改日期、属性等信息。

在"文档"信息组中可查看文件的页码、图层、页面大小和方向、分辨率等信息。

在"图形对象"信息组中可查看对象的数目、点数、曲线、矩形、椭圆等信息。

图 1-54

图 1-55

在"文本统计"信息组中可查看文档中的文本对象信息。

在"位图对象"信息组中可查看文档中导入位图的色彩模式、文件大小等信息。

在"样式"信息组中可查看文档中图形的样式等信息。

在"效果"信息组中可查看文档中图形的效果等信息。

在"填充"信息组中可查看未填充、均匀、对象、颜色模型等信息。

在"轮廓"信息组中可查看无轮廓、均匀、按图像大小缩放、对象、颜色模型等信息。

提示

　　如果在 CorelDRAW 中，已经将设计作品中的文字转成曲线，那么在"文本统计"信息组中，将显示"文档中无文本对象"信息。

1.10　小样

在 CorelDRAW 中设计制作完成客户的任务后，可以方便地给客户看设计完成稿的小样。下面介绍小样电子文件的导出方法。

1.10.1　带出血的小样

（1）打开光盘中的"Ch01 > 效果 > 贵宾卡.cdr"文件，效果如图 1-56 所示。选择"文件 > 导出"命令，弹出"导出"对话框，将其命名为"贵宾卡"，导出为 JPG 格式，如图 1-57 所示。单击"导出"按钮，弹出"导出到 JPEG"对话框，选项的设置如图 1-58 所示，单击"确定"按钮导出图形。

图 1-56   图 1-57

图 1-58

（2）导出图形在桌面上的图标如图 1-59 所示。可以通过电子邮件的方式把导出的 JPG 格式小样发给客户观看，客户可以在看图软件中打开观看，效果如图 1-60 所示。

图 1-59   图 1-60

提 示　　一般给客户观看的作品小样都导出为 JPG 格式，JPG 格式的图像压缩比例大，文件量小。有利于通过电子邮件的方式发给客户。

1.10.2　成品尺寸的小样

（1）打开光盘中的"Ch01 > 效果 > 贵宾卡.cdr"文件，效果如图 1-61 所示。双击"选择"工具 ，将页面中的所有图形同时选取，如图 1-62 所示。按 Ctrl+G 组合键将其群组，效果如图 1-63 所示。

（2）双击"矩形"工具 ，系统自动绘制一个与页面大小相等的矩形，绘制的矩形大小就是名片成品尺寸的大小。按 Shift+PageUp 组合键，将其置于最上层，效果如图 1-64 所示。

图 1-61

图 1-62

图 1-63

图 1-64

（3）选择"选择"工具 ，选取群组后的图形，如图 1-65 所示。选择"效果 > 图框精确剪裁 > 放置在容器中"命令，鼠标指针变为黑色箭头形状，在矩形框上单击，如图 1-66 所示。

图 1-65

图 1-66

（4）将名片置入矩形中，效果如图 1-67 所示。在"CMYK 调色板"中的"无填充"按钮⊠上单击鼠标右键，去掉矩形的轮廓线，效果如图 1-68 所示。

图 1-67

图 1-68

（5）名片的成品尺寸效果如图 1-69 所示。选择"文件 > 导出"命令，弹出"导出"对话框，将其命名为"贵宾卡-成品尺寸"，导出为 JPG 格式，如图 1-70 所示。

图 1-69

图 1-70

（6）单击"导出"按钮，弹出"导出到 JPEG"对话框，选项的设置如图 1-71 所示，单击"确定"按钮，导出成品尺寸的名片图像。可以通过电子邮件的方式把导出的 JPG 格式小样发给客户，客户可以在看图软件中打开观看，效果如图 1-72 所示。

图 1-71

图 1-72

第 2 章　标志设计

标志，是一种传达事物特征的特定视觉符号，它代表着企业的形象和文化。企业的服务水平、管理机制及综合实力都可以通过标志来体现。在企业视觉战略推广中，标志起着举足轻重的作用。本章以电影公司标志设计为例，讲解标志的设计方法和制作技巧。

| 课堂学习目标 | ╱ 在Photoshop软件中制作标志图形立体效果 |
| | ╱ 在CorelDRAW软件中制作标志和标准字 |

2.1　电影公司标志设计

案例学习目标

学习在 CorelDRAW 中添加辅助线，并使用绘图工具和添加编辑节点命令制作标志，使用文本工具和对象属性面板制作标准字。在 Photoshop 中为标志添加样式制作标志的立体效果。

案例知识要点

在 CorelDRAW 中，使用选项命令添加水平和垂直辅助线，使用矩形工具、转换为曲线命令、调整节点工具和编辑填充面板制作标志图形，使用文本工具和对象属性泊坞窗制作标准字。在 Photoshop 中，使用变换命令和图层样式命令制作标志图形的立体效果。电影公司标志效果如图 2-1 所示。

效果所在位置

光盘/Ch02/效果/电影公司标志设计/电影公司标志.tif。

CorelDRAW 应用

图 2-1

2.1.1　绘制标志底图

（1）打开 CorelDRAW 软件，按 Ctrl+N 组合键，新建一个文件。在属性栏的"页面度量"选项中将"宽度"和"高度"选项均设为 78mm，按 Enter 键，页面显示为设置的大小。按 Ctrl+J 组合键，弹出"选项"对话框，选择"辅助线/水平"选项，在"文字框"中设置数值为 0，如图 2-2 所示，单击"添加"按钮，在页面中添加一条水平辅助线。用相同的方法在 13mm、26mm、39mm、52mm、65mm、78mm 处添加 6 条水平辅助线，单击"确定"按钮，效果如图 2-3 所示。

图 2-2   图 2-3

（2）按 Ctrl+J 组合键，弹出"选项"对话框，选择"辅助线/垂直"选项，在"文字框"中设置数值为 0，如图 2-4 所示，单击"添加"按钮，在页面中添加一条垂直辅助线。用相同的方法在 13mm、26mm、39mm、52mm、65mm、78mm 处添加 6 条垂直辅助线，单击"确定"按钮，效果如图 2-5 所示。

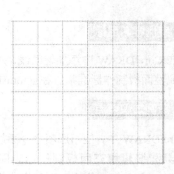

图 2-4   图 2-5

（3）选择"选择"工具 ，按住 Shift 键的同时，单击所有参考线将其选取，如图 2-6 所示。选择"对象 > 锁定 > 锁定对象"命令，锁定选取的对象。选择"视图 > 贴齐 > 辅助线"命令，贴齐辅助线。选择"矩形"工具 ，在适当的位置绘制矩形，如图 2-7 所示。

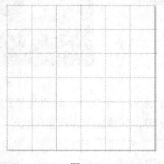

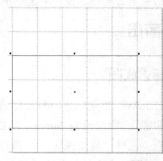

图 2-6   图 2-7

（4）选择"对象 > 转换为曲线"命令，将矩形转换为曲线。选择"形状"工具 ，在适当的位置双击鼠标，添加节点，如图 2-8 所示。选取需要的节点，如图 2-9 所示，按 Delete 键，删除节点，如图 2-10 所示。

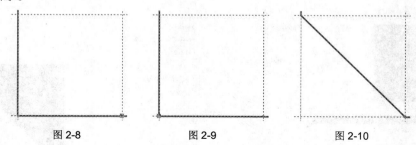

图 2-8　　　　　　　　　　图 2-9　　　　　　　　　　图 2-10

（5）按 F11 键，弹出"编辑填充"对话框，选择"渐变填充"按钮 ，将"起点"颜色的 CMYK 值设置为 0、100、100、70，"终点"颜色的 CMYK 值设置为 0、95、100、0，其他选项的设置如图 2-11 所示。单击"确定"按钮，填充图形，并去除图形的轮廓线，效果如图 2-12 所示。

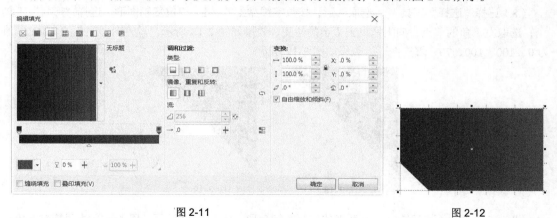

图 2-11　　　　　　　　　　　　　　　　　　　　图 2-12

（6）选择"矩形"工具 ，在适当的位置绘制矩形，如图 2-13 所示。选择"对象 > 转换为曲线"命令，将矩形转换为曲线。选择"形状"工具 ，选取需要的节点，如图 2-14 所示，按 Delete 键，删除节点，如图 2-15 所示。

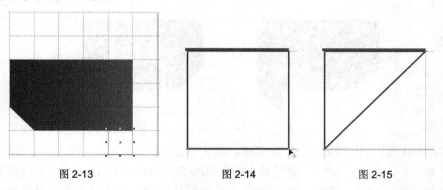

图 2-13　　　　　　　　　　图 2-14　　　　　　　　　　图 2-15

（7）按 F11 键，弹出"编辑填充"对话框，选择"渐变填充"按钮 ，将"起点"颜色的 CMYK

值设置为 0、95、100、0，"终点"颜色的 CMYK 值设置为 0、100、100、70，其他选项的设置如图 2-16 所示。单击"确定"按钮，填充图形，并去除图形的轮廓线，效果如图 2-17 所示。

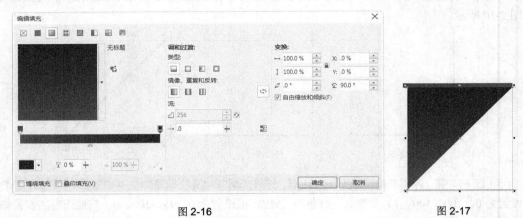

图 2-16　　　　　　　　　　　　　　　　　　　图 2-17

（8）选择"选择"工具 ，选取图形，按数字键盘上的+键，原位复制图形。选择"形状"工具 ，选取左下角的节点，向上拖曳到适当的位置，效果如图 2-18 所示。设置图形颜色的 CMYK 值为 0、100、100、70，填充图形，效果如图 2-19 所示。

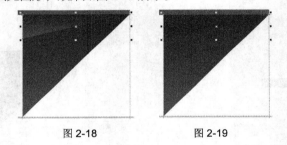

图 2-18　　　　　　　图 2-19

（9）选择"矩形"工具 ，在适当的位置绘制矩形，如图 2-20 所示。用上述方法调整右上角的节点，效果如图 2-21 所示。

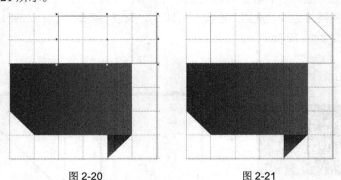

图 2-20　　　　　　　图 2-21

（10）按 F11 键，弹出"编辑填充"对话框，选择"渐变填充"按钮 ，将"起点"颜色的 CMYK 值设置为 50、0、100、0，"终点"颜色的 CMYK 值设置为 100、50、100、20，其他选项的设置如图 2-22 所示。单击"确定"按钮，填充图形，并去除图形的轮廓线，效果如图 2-23 所示。用相同的方法绘制其他图形并填充需要的颜色，效果如图 2-24 所示。

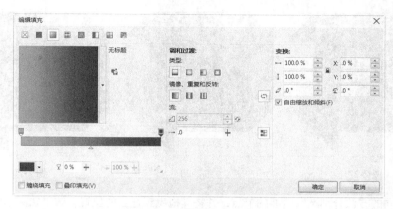

图 2-22

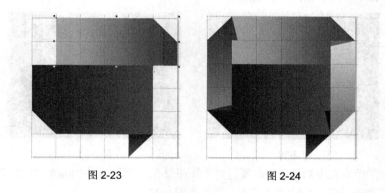

图 2-23　　　　　　　　　　　图 2-24

2.1.2　绘制标志文字

（1）选择"文本"工具 ，在页面中输入需要的文字，选择"选择"工具 ，在属性栏中选取适当的字体并设置文字大小，效果如图 2-25 所示。保持文字的选取状态，拖曳右侧中间的控制手柄到适当的位置，效果如图 2-26 所示。

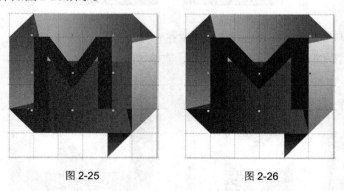

图 2-25　　　　　　　　　　　图 2-26

（2）选择"对象 > 转换为曲线"命令，将文字转换为曲线，如图 2-27 所示。选择"形状"工具 ，选取需要的节点，如图 2-28 所示，将其拖曳到适当的位置，如图 2-29 所示。

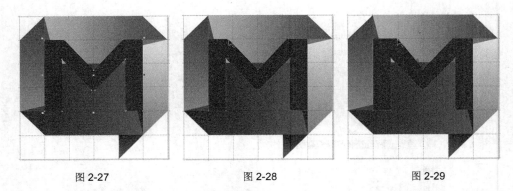

图 2-27   图 2-28   图 2-29

（3）用相同的方法分别选取需要的节点，并将其拖曳到适当的位置，效果如图 2-30 所示。在适当的位置双击，添加节点，如图 2-31 所示。

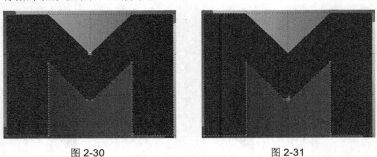

图 2-30   图 2-31

（4）将添加的节点拖曳到适当的位置，效果如图 2-32 所示。按住 Shift 键的同时，将多余的节点同时选取，按 Delete 键，删除这些节点，效果如图 2-33 所示。

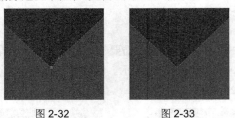

图 2-32   图 2-33

（5）选择"选择"工具 ，将文字选取，填充为白色，效果如图 2-34 所示。用圈选的方法将所有图形同时选取，按 Ctrl+G 组合键，组合图形，效果如图 2-35 所示。

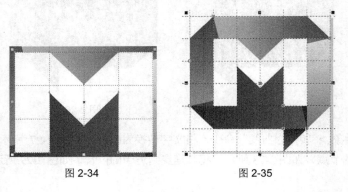

图 2-34   图 2-35

（6）选择"文本"工具 字，在页面中分别输入需要的文字，选择"选择"工具 ↖，在属性栏中分别选取适当的字体并设置文字大小，效果如图 2-36 所示。选取上方的文字，按 Alt+Enter 组合键，弹出"对象属性"泊坞窗，单击"段落"按钮 ，弹出相应的泊坞窗，选项的设置如图 2-37 所示，按 Enter 键，文字效果如图 2-38 所示。选取下方的文字，在"对象属性"泊坞窗中进行设置，如图 2-39 所示。

迈阿瑟电影公司
MAYASSE

图 2-36

图 2-37

迈阿瑟电影公司
MAYASSE

图 2-38

图 2-39

（7）按 Enter 键，文字效果如图 2-40 所示。将上下两个文字同时选取，按 Ctrl+Shift+A 组合键，弹出"对齐与分布"泊坞窗，单击"水平居中对齐"按钮 ，如图 2-41 所示，对齐文字，效果如图 2-42 所示。将其拖曳到适当的位置，如图 2-43 所示。

图 2-40

图 2-41

27

图 2-42　　　　　　　　　　　　　　　　图 2-43

（8）选择"文件 > 导出"命令，弹出"导出"对话框，将其命名为"标志导出图"，保存为 PNG 格式，单击"导出"按钮，弹出"导出到 PNG"对话框，单击"确定"按钮，导出为 PNG 格式。

Photoshop 应用

2.1.3　制作立体效果

（1）打开 Photoshop 软件，按 Ctrl＋O 组合键，打开光盘中的"Ch02 > 素材 > 电影公司标志设计 ＞01"文件，如图 2-44 所示。单击"图层"控制面板下方的"创建新的填充或调整图层"按钮，在弹出的菜单中选择"照片滤镜"命令，在"图层"控制面板中生成"照片滤镜 1"图层，同时弹出相应的调整面板，设置如图 2-45 所示，按 Enter 键，效果如图 2-46 所示。

图 2-44　　　　　　　　　　图 2-45　　　　　　　　　　图 2-46

（2）按 Ctrl+O 组合键，打开光盘中的"Ch02 > 效果 > 电影公司标志设计 > 标志导出图"文件。选择"移动"工具，将图片拖曳到图像窗口中的适当位置并调整其大小，效果如图 2-47 所示，在"图层"控制面板中生成新的图层并将其命名为"标志"。

（3）按 Ctrl+T 组合键，在图片周围出现变换框，按住 Ctrl 键的同时，分别拖曳 4 个角的控制手柄到适当的位置，如图 2-48 所示，按 Enter 键确认操作，效果如图 2-49 所示。

（4）单击"图层"控制面板下方的"添加图层样式"按钮，在弹出的菜单中选择"斜面和浮雕"命令，在弹出的对话框中进行设置，如图 2-50 所示。

图 2-47

图 2-48

图 2-49

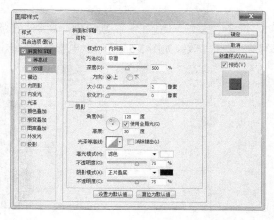

图 2-50

（5）选择"投影"选项，弹出相应的对话框，选项的设置如图 2-51 所示，单击"确定"按钮，效果如图 2-52 所示。

（6）选择打开的"标志导出图"文件。选择"矩形选框"工具 ，在适当的位置绘制矩形选区，如图 2-53 所示。选择"移动"工具 ，将图像拖曳到 01 文件的适当位置并调整其大小，效果如图 2-54 所示，在"图层"控制面板中生成新的图层并将其命名为"标志 2"。

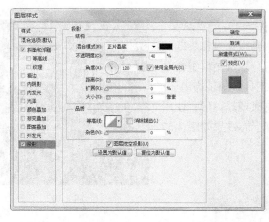

图 2-51

图 2-52

图 2-53　　　　　　　　　　　　　　　　　图 2-54

（7）选择"滤镜 > 模糊 > 高斯模糊"命令，在弹出的对话框中进行设置，如图 2-55 所示，单击"确定"按钮，效果如图 2-56 所示。电影公司标志设计制作完成。

图 2-55　　　　　　　　　　　　　　　　图 2-56

2.2　课后习题——橄榄球标志设计

🖺 习题知识要点

在 Photoshop 中，使用图层样式命令制作标志的立体效果。在 Corel-DRAW 中，使用贝塞尔工具、编辑锚点命令和移动工具制作标志外围线框，使用轮廓图工具、拆分轮廓图群组命令和修剪图形按钮制作线框的轮廓，使用星形工具绘制装饰星形；使用椭圆形工具、矩形工具和混合工具绘制橄榄球图形；使用文本工具和套索工具添加标志文字。橄榄球标志效果如图 2-57 所示。

🖺 效果所在位置

光盘/Ch02/效果/橄榄球标志设计/橄榄球标志.tif。

图 2-57

30

第 3 章　卡片设计

卡片是人们增进交流的一种载体，是传递信息、交流情感的一种方式。卡片的种类繁多，有邀请卡、祝福卡、生日卡、圣诞卡、新年贺卡等。本章以中秋贺卡为例，讲解贺卡正面和背面的设计方法和制作技巧。

课堂学习目标	/ 在Photoshop软件中制作贺卡底图
	/ 在CorelDRAW软件中添加祝福语和图形

3.1　中秋贺卡正面设计

案例学习目标

学习在 Photoshop 中通过多个图片的融合制作贺卡底图。在 CorelDRAW 中导入图片并利用图框精确剪裁制作主体文字，利用绘图工具和造形命令制作标志。

案例知识要点

在 Photoshop 中，使用图层混合模式、图层蒙版和画笔工具制作背景图片的融合效果，使用图层样式命令为图片添加样式，使用调整图层调整图片的颜色，使用画笔工具和画笔控制面板制作星光。在 CorelDRAW 中，使用导入命令、对象属性面板和图框精确剪裁命令制作主体文字，使用文字工具添加祝福语和标志文字，使用椭圆形工具、多边形工具、变形工具和造形按钮制作标志图形。中秋贺卡正面设计效果如图 3-1 所示。

效果所在位置

光盘/Ch03/效果/中秋贺卡正面设计/中秋贺卡正面设计.cdr。

图 3-1

Photoshop 应用

3.1.1　制作背景效果

（1）按 Ctrl + N 组合键，新建一个文件：宽度为 20cm，高度为 12cm，分辨率为 150 像素/英寸，颜色模式为 RGB，背景内容为白色。将前景色设为深蓝色（其 R、G、B 的值分别为 7、15、43）。按 Alt+Delete 组合键，用前景色填充背景图层，效果如图 3-2 所示。

（2）按 Ctrl + O 组合键，打开光盘中的"Ch03 > 素材 > 中秋贺卡正面设计 > 01"文件，选择

"移动"工具 ，将图片拖曳到图像窗口中适当的位置，如图 3-3 所示。在"图层"控制面板中生成新的图层并将其命名为"星空"。

图 3-2 图 3-3

（3）在"图层"控制面板上方，将"星空"图层的混合模式选项设为"滤色"，如图 3-4 所示，按 Enter 键，效果如图 3-5 所示。

图 3-4 图 3-5

（4）在"图层"控制面板下方单击"添加图层蒙版"按钮 ，为图层添加蒙版，如图 3-6 所示。将前景色设为黑色。选择"画笔"工具 ，单击"画笔"选项右侧的按钮 ，在弹出的面板中选择需要的画笔形状，并设置适当的画笔大小，如图 3-7 所示。在属性栏中将"不透明度"和"流量"选项均设为 60%，在图像窗口中擦除不需要的图像，效果如图 3-8 所示。

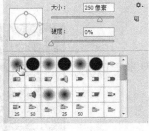

图 3-6 图 3-7 图 3-8

（5）新建图层并将其命名为"蓝色"。将前景色设为蓝色（其 R、G、B 的值分别为 0、132、202）。选择"矩形选框"工具 ，在适当的位置绘制矩形选区，如图 3-9 所示。按 Alt+Delete 组合键，填充选区。按 Ctrl+D 组合键，取消选区，效果如图 3-10 所示。

图 3-9

图 3-10

（6）单击"图层"控制面板下方的"添加图层蒙版"按钮 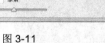，为图层添加蒙版，如图 3-11 所示。选择"画笔"工具 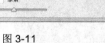，在图像窗口中擦除不需要的图像，效果如图 3-12 所示。

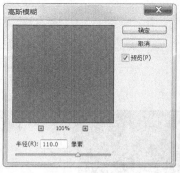

图 3-11

图 3-12

3.1.2　添加素材制作主体

（1）按 Ctrl + O 组合键，打开光盘中的"Ch03 > 素材 > 中秋贺卡正面设计 > 02、03"文件，选择"移动"工具 ，分别将图片拖曳到图像窗口中适当的位置，如图 3-13 和图 3-14 所示。在"图层"控制面板中分别生成新的图层并将其命名为"丝带"和"花"。

图 3-13

图 3-14

（2）按 Ctrl + O 组合键，打开光盘中的"Ch03 > 素材 > 中秋贺卡正面设计 > 04"文件，选择"移动"工具 ，将图片拖曳到图像窗口中适当的位置，如图 3-15 所示。在"图层"控制面板中生成新的图层并将其命名为"月亮"。

（3）单击"图层"控制面板下方的"添加图层样式"按钮 ，在弹出的菜单中选择"外发光"

命令，在弹出的对话框中进行设置，如图 3-16 所示。选择"投影"选项，弹出相应的对话框，设置如图 3-17 所示，单击"确定"按钮，效果如图 3-18 所示。

图 3-15

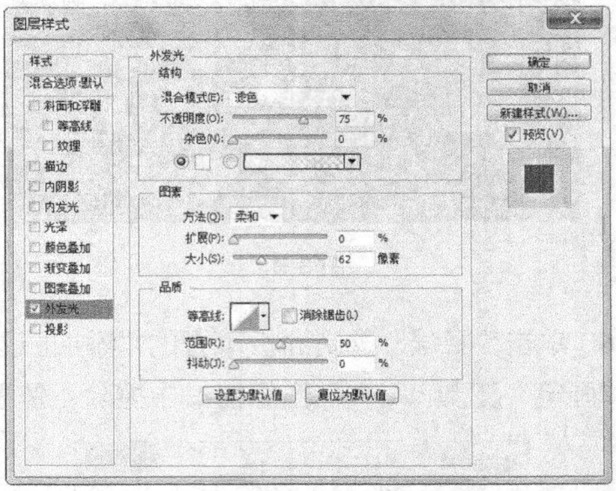

图 3-16

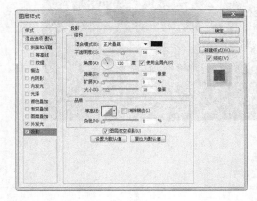

图 3-17

图 3-18

（4）单击"图层"控制面板下方的"创建新的填充或调整图层"按钮 ，在弹出的菜单中选择"黑白"命令，在"图层"控制面板中生成"黑白 1"图层，同时弹出相应的调整面板，单击"此调整影响下面所有图层"按钮 使其显示为"此调整剪切到此图层"按钮 ，其他选项设置如图 3-19 所示，按 Enter 键，效果如图 3-20 所示。

图 3-19

图 3-20

（5）单击"图层"控制面板下方的"创建新的填充或调整图层"按钮 ⊘ ，在弹出的菜单中选择"亮度/对比度"命令，在"图层"控制面板中生成"亮度/对比度 1"图层，同时弹出相应的调整面板，设置如图 3-21 所示，按 Enter 键，效果如图 3-22 所示。

图 3-21　　　　　　　　　　　　　图 3-22

（6）在"图层"控制面板中，将"花"图层拖曳到下方的"创建新图层"按钮 ▣ 上生成"花 拷贝"图层，拖曳到所有图层的上方，如图 3-23 所示。按 Ctrl+T 组合键，在图像周围出现变换框，拖曳鼠标将图像旋转到适当的角度，按 Enter 键确认操作，效果如图 3-24 所示。

图 3-23　　　　　　　　　　　　　图 3-24

（7）单击"图层"控制面板下方的"添加图层样式"按钮 fx. ，在弹出的菜单中选择"投影"命令，在弹出的对话框中进行设置，如图 3-25 所示，单击"确定"按钮，效果如图 3-26 所示。

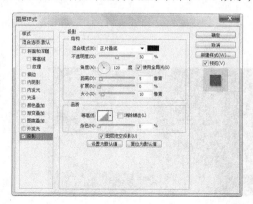

图 3-25　　　　　　　　　　　　　图 3-26

3.1.3　添加白色星光

（1）新建图层并将其命名为"画笔 1"。将前景色设为白色。选择"画笔"工具 ，单击属性栏中的"切换画笔面板"按钮 ，弹出"画笔"控制面板，选择需要的画笔形状，其他选项的设置如图 3-27 所示；选择"形状动态"选项，弹出相应的面板，选项的设置如图 3-28 所示；选择"散布"选项，弹出相应的面板，选项的设置如图 3-29 所示。在图像窗口中拖曳鼠标绘制星光，效果如图 3-30 所示。

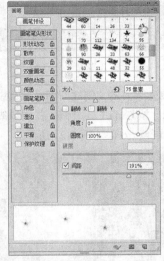

图 3-27　　　　　　　　　　　　　　　图 3-28

图 3-29　　　　　　　　　　　　　　　图 3-30

（2）在"图层"控制面板上方，将"画笔 1"图层的"不透明度"选项设为 80%，如图 3-31 所示，按 Enter 键，效果如图 3-32 所示。

图 3-31

图 3-32

（3）新建图层并将其命名为"画笔 2"。选择"画笔"工具 ，单击属性栏中的"切换画笔面板"按钮 ，弹出"画笔"控制面板，选择需要的画笔形状，其他选项的设置如图 3-33 所示，在图像窗口中拖曳鼠标绘制星光，效果如图 3-34 所示。

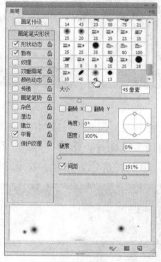

图 3-33

图 3-34

（4）在"图层"控制面板上方，将"画笔 2"图层的"不透明度"选项设为 70%，如图 3-35 所示，按 Enter 键，效果如图 3-36 所示。

图 3-35

图 3-36

（5）贺卡正面底图制作完成。按 Ctrl+Shift+E 组合键，合并可见图层。按 Ctrl+S 组合键，弹出"存储为"对话框，将其命名为"贺卡正面底图"，并保存为 TIFF 格式。单击"保存"按钮，弹出"TIFF选项"对话框，单击"确定"按钮，将图像保存。

CorelDRAW 应用

3.1.4 制作主体文字

（1）打开 CorelDRAW 软件，按 Ctrl+N 组合键，新建一个页面。在属性栏的"页面度量"选项中分别设置宽度为 200mm，高度为 120mm，按 Enter 键，页面显示为设置的大小。按 Ctrl+I 组合键，弹出"导入"对话框，打开光盘中的"Ch03 > 效果 > 中秋贺卡正面设计 > 贺卡正面底图"文件，单击"导入"按钮，在页面中单击导入图片，如图 3-37 所示。按 P 键，图片居中对齐页面，效果如图 3-38 所示。

图 3-37   图 3-38

（2）按 Ctrl+I 组合键，弹出"导入"对话框，打开光盘中的"Ch03 > 素材 > 中秋贺卡正面设计 > 05、06"文件，单击"导入"按钮，在页面中分别单击导入图片，选择"选择"工具 ，调整其位置和大小，效果如图 3-39 所示。将两个文字同时选取，填充轮廓色为白色，效果如图 3-40 所示。

图 3-39   图 3-40

（3）保持文字的选取状态。按 Alt+Enter 组合键，弹出"对象属性"泊坞窗，单击"轮廓"按钮 ，弹出相应的面板，单击"外部轮廓"按钮 ，其他选项的设置如图 3-41 所示，文字效果如图 3-42 所示。

（4）按 Ctrl+I 组合键，弹出"导入"对话框，打开光盘中的"Ch03 > 素材 > 中秋贺卡正面设计 > 03"文件，单击"导入"按钮，在页面中单击导入图片，选择"选择"工具 ，将其拖曳到适当的位置并调整其大小，效果如图 3-43 所示。

（5）按数字键盘上的+键，复制图片，并将其拖曳到页面空白处。选取导入的图片，选择"对象 > 图框精确剪裁 > 置于图文框内部"命令，鼠标光标变为黑色箭头形状，在文字"中"上单击鼠标，将图片置入文字中，效果如图 3-44 所示。

图 3-41

图 3-42

图 3-43

图 3-44

（6）保持文字的选取状态，填充为白色，效果如图 3-45 所示。将复制的图片拖曳到适当的位置，如图 3-46 所示。

图 3-45

图 3-46

（7）选择"对象 > 图框精确剪裁 > 置于图文框内部"命令，鼠标光标变为黑色箭头形状，在文字"秋"上单击鼠标，将图片置入文字中，效果如图 3-47 所示。单击下方的"编辑 PowerClip"按钮，如图 3-48 所示，进入编辑状态。

图 3-47

图 3-48

（8）选择"选择"工具 ，将图片拖曳到适当的位置，如图 3-49 所示。单击"停止编辑内容"按钮 ，如图 3-50 所示，完成编辑，效果如图 3-51 所示。选择"文本"工具 ，在页面中输入需要的文字，选择"选择"工具 ，在属性栏中选取适当的字体并设置文字大小，填充文字为白色，效果如图 3-52 所示。

图 3-49

图 3-50

图 3-51

图 3-52

（9）选择"椭圆形"工具 ，按住 Ctrl 键的同时，在页面中适当的位置绘制圆形，填充为白色，并去除图形的轮廓线，效果如图 3-53 所示。选择"文本"工具 ，在页面中输入需要的文字，选择"选择"工具 ，在属性栏中选取适当的字体并设置文字大小，填充文字为白色，效果如图 3-54 所示。

图 3-53

图 3-54

3.1.5　制作标志图形

（1）选择"椭圆形"工具 ，按住 Ctrl 键的同时，在页面中适当的位置绘制圆形，如图 3-55 所示。选择"多边形"工具 ，按住 Ctrl 键的同时，在圆形内部绘制多边形，如图 3-56 所示。

（2）选择"变形"工具 ，在多边形上拖曳光标变形图形，如图 3-57 所示，松开鼠标后，效果如图 3-58 所示。

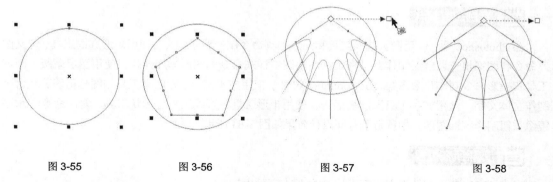

| 图 3-55 | 图 3-56 | 图 3-57 | 图 3-58 |

（3）选择"选择"工具 ，向下拖曳上方中间的控制手柄到适当的位置，效果如图 3-59 所示。用圈选的方法将两个图形同时选取，单击属性栏中的"移除后面对象"按钮 ，剪切后的效果如图 3-60 所示。

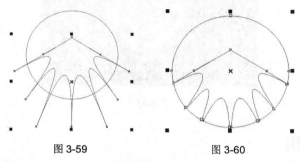

| 图 3-59 | 图 3-60 |

（4）选取剪切后的图形，填充为白色，并将其拖曳到适当的位置，效果如图 3-61 所示。选择"文本"工具 ，在页面中分别输入需要的文字，选择"选择"工具 ，在属性栏中分别选取适当的字体并设置文字大小，填充文字为白色，效果如图 3-62 所示。中秋贺卡正面效果制作完成。

图 3-61

图 3-62

3.2　中秋贺卡背面设计

📖 **案例学习目标**

学习在 Photoshop 中通过多个图片的融合制作贺卡底图。在 CorelDRAW 中导入图片并通过图框精确剪裁制作主体文字，利用绘图工具和文本工具添加祝福文字。

 案例知识要点

在 Photoshop 中，使用椭圆选框工具和高斯模糊命令制作背景虚光，使用矩形选框工具、定义图案命令和图案填充调整层制作背景图案，使用图层样式命令为图形添加样式，使用图层蒙版、画笔工具和投影命令制作花朵图案。在 CorelDRAW 中，使用文本工具、轮廓笔工具和图框精确剪裁命令制作主体文字，使用文字工具添加祝福语，使用矩形工具、直线工具、形状工具、复制命令和水平镜像按钮制作装饰图形。中秋贺卡背面设计效果如图 3-63 所示。

📷 效果所在位置

光盘/Ch03/效果/中秋贺卡正面设计/中秋贺卡正面设计.cdr。

图 3-63

Photoshop 应用

3.2.1　制作背景效果

（1）按 Ctrl + N 组合键，新建一个文件：宽度为 20cm，高度为 12cm，分辨率为 150 像素/英寸，颜色模式为 RGB，背景内容为白色，如图 3-64 所示。将前景色设为深蓝色（其 R、G、B 的值分别为 7、15、43）。按 Alt+Delete 组合键，用前景色填充背景图层，效果如图 3-65 所示。

图 3-64

图 3-65

（2）新建图层并将其命名为"虚光"。将前景色设为蓝色（其 R、G、B 的值分别为 0、132、202）。选择"椭圆选框"工具，在图像窗口中绘制椭圆选区，如图 3-66 所示。按 Alt+Delete 组合键，用前景色填充选区。按 Ctrl+D 组合键，取消选区后，效果如图 3-67 所示。

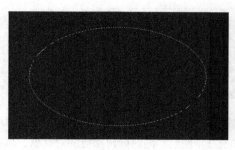
图 3-66

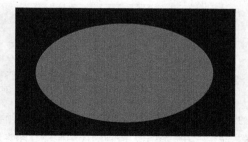
图 3-67

（3）选择"滤镜 > 模糊 > 高斯模糊"命令，在弹出的对话框中进行设置，如图 3-68 所示，单击"确定"按钮，效果如图 3-69 所示。

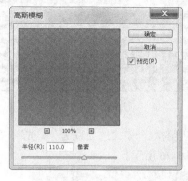
图 3-68

图 3-69

3.2.2　制作图案背景

（1）按 Ctrl + O 组合键，打开光盘中的"Ch03 > 素材 > 中秋贺卡背面设计 > 01"文件，选择"移动"工具 ，将图片拖曳到图像窗口中适当的位置，如图 3-70 所示，在"图层"控制面板中生成新的图层。按住 Alt 键的同时，单击图层左侧的 图标，隐藏除本图层外的所有图层。

（2）选择"矩形选框"工具 ，按住 Shift 键的同时，在图像窗口中绘制方形选区，如图 3-71 所示。选择"编辑 > 定义图案"命令，在弹出的对话框中进行设置，如图 3-72 所示，单击"确定"按钮，定义图案。按住 Alt 键的同时，单击图层左侧的 图标，显示所有图层。取消选区并删除本图层。

图 3-70

图 3-71

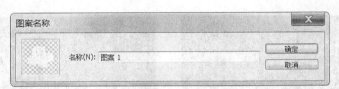

图 3-72

（3）单击"图层"控制面板下方的"创建新的填充或调整图层"按钮 ，在弹出的菜单中选择
"图案"命令，在"图层"控制面板中生成"图案填充 1"图层，同时弹出相应的对话框，选择刚定
义的图案，其他选项的设置如图 3-73 所示，单击"确定"按钮，效果如图 3-74 所示。

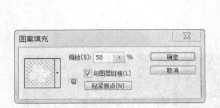

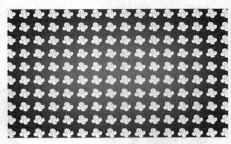

图 3-73   图 3-74

（4）在"图层"控制面板上方，将"图案填充 1"图层的混合模式选项设为"柔光"，"不透明度"
选项设为 15%，如图 3-75 所示，按 Enter 键，效果如图 3-76 所示。

图 3-75   图 3-76

3.2.3 制作贺卡主体

（1）按 Ctrl + O 组合键，打开光盘中的"Ch03 > 素材 > 中秋贺卡背面设计 > 02"文件，选择
"移动"工具 ，将图片拖曳到图像窗口中适当的位置，如图 3-77 所示。在"图层"控制面板中生
成新的图层并将其命名为"图形"。

（2）单击"图层"控制面板下方的"添加图层样式"按钮 fx.，在弹出的菜单中选择"斜面和浮
雕"命令，在弹出的对话框中进行设置，如图 3-78 所示。

（3）选择"等高线"选项，弹出相应的对话框，设置如图 3-79 所示。选择"渐变叠加"选项，
弹出相应的对话框，单击"渐变"选项右侧的"点按可编辑渐变"按钮 ，弹出"渐变编辑
器"对话框，将渐变色设为从浅黄色（其 R、G、B 的值分别为 255、247、214）到金黄色（其 R、
G、B 的值分别为 240、200、79），将左侧色标的"位置"选项设为 73，如图 3-80 所示。

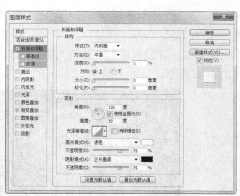

图 3-77　　　　　　　　　　　　　　　　　　　　图 3-78

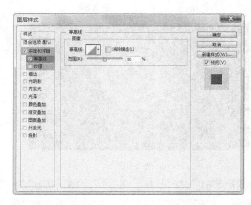

图 3-79　　　　　　　　　　　　　　　　　　　　图 3-80

（4）单击"确定"按钮，返回"渐变叠加"对话框，其他选项的设置如图 3-81 所示，单击"确定"按钮，效果如图 3-82 所示。

图 3-81　　　　　　　　　　　　　　　　　　　　图 3-82

（5）按 Ctrl + O 组合键，打开光盘中的"Ch03 > 素材 > 中秋贺卡背面设计 > 03"文件，选择"移动"工具，将图片拖曳到图像窗口中适当的位置，如图 3-83 所示。在"图层"控制面板中生成新的图层并将其命名为"花"。

（6）在"图层"控制面板下方单击"添加图层蒙版"按钮 ，为图层添加蒙版，如图3-84所示。将前景色设为黑色。选择"画笔"工具 ，单击"画笔"选项右侧的按钮 ，在弹出的面板中选择需要的画笔形状，并设置适当的画笔大小，如图3-85所示。在图像窗口中单击擦除不需要的图像，效果如图3-86所示。

图3-83　　　　　　　　　　　　　　　图3-84

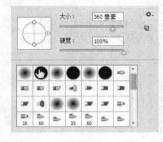

图3-85　　　　　　　　　　　　　　　图3-86

（7）单击"图层"控制面板下方的"添加图层样式"按钮 ，在弹出的菜单中选择"投影"命令，在弹出的对话框中进行设置，如图3-87所示，单击"确定"按钮，效果如图3-88所示。在"图层"控制面板中将其拖曳到"图形"图层的下方，图像效果如图3-89所示。

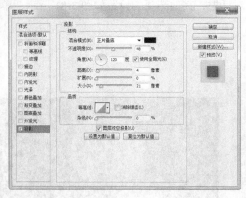

图3-87　　　　　　　　　　　图3-88　　　　　　　图3-89

（8）将"花"图层拖曳到控制面板下方的"创建新图层"按钮 上进行复制，生成新的拷贝图层，如图3-90所示。按Ctrl+T组合键，在图像周围出现变换框，在变换框中单击鼠标右键，在弹出的菜单中选择"水平翻转"命令，翻转图像，并将其拖曳到适当的位置，按Enter键确认操作，效果如图3-91所示。

图 3-90　　　　　　　　　　　　　　　图 3-91

CoreIDRAW 应用

3.2.4　制作祝福文字

（1）打开 CoreIDRAW 软件，按 Ctrl+N 组合键，新建一个页面。在属性栏的"页面度量"选项中分别设置宽度为 200mm，高度为 120mm，按 Enter 键，页面显示为设置的大小。按 Ctrl+I 组合键，弹出"导入"对话框，打开光盘中的"Ch03 > 效果 > 中秋贺卡背面设计 > 贺卡背面底图"文件，单击"导入"按钮，在页面中单击导入图片，如图 3-92 所示。按 P 键，图片居中对齐页面，效果如图 3-93 所示。

图 3-92　　　　　　　　　　　　　　　图 3-93

（2）选择"文本"工具，在页面中分别输入需要的文字，选择"选择"工具，在属性栏中选取适当的字体并分别设置文字大小，设置文字颜色的 CMYK 值为 0、30、100、0，填充文字，效果如图 3-94 所示。

图 3-94

（3）用圈选的方法将需要的文字同时选取。按 F12 键，弹出"轮廓笔"对话框，将"颜色"选项设为白色，其他选项的设置如图 3-95 所示，单击"确定"按钮，效果如图 3-96 所示。

图 3-95   图 3-96

（4）选择"选择"工具，选取左侧的文字。选择"封套"工具，在文字周围出现封套控制点，如图 3-97 所示。分别拖曳需要的控制点到适当的位置，效果如图 3-98 所示。选择"选择"工具，用圈选的方法将需要的文字同时选取，按 Ctrl+G 组合键，组合对象，效果如图 3-99 所示。

图 3-97   图 3-98   图 3-99

（5）按 Ctrl+I 组合键，弹出"导入"对话框，打开光盘中的"Ch03 > 素材 > 中秋贺卡正面设计 > 03"文件，单击"导入"按钮，在页面中单击导入图片，选择"选择"工具，将其拖曳到适当的位置并调整其大小，效果如图 3-100 所示。

（6）选择"对象 > 图框精确剪裁 > 置于图文框内部"命令，鼠标光标变为黑色箭头形状，在文字上单击鼠标，将图片置入文字中，效果如图 3-101 所示。

图 3-100   图 3-101

（7）单击下方的"编辑 PowerClip"按钮，进入编辑状态，如图 3-102 所示。选择"选择"工具，将图片拖曳到适当的位置，如图 3-103 所示。

（8）单击"停止编辑内容"按钮，完成编辑，效果如图 3-104 所示。选择"文本"工具，在页面中输入需要的文字，选择"选择"工具，在属性栏中选取适当的字体并设置文字大小，设置文字颜色的 CMYK 值为 0、30、100、0，填充文字，效果如图 3-105 所示。

图 3-102

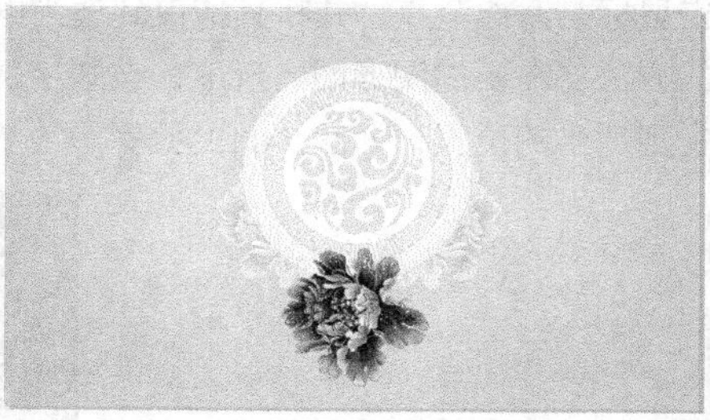

图 3-103

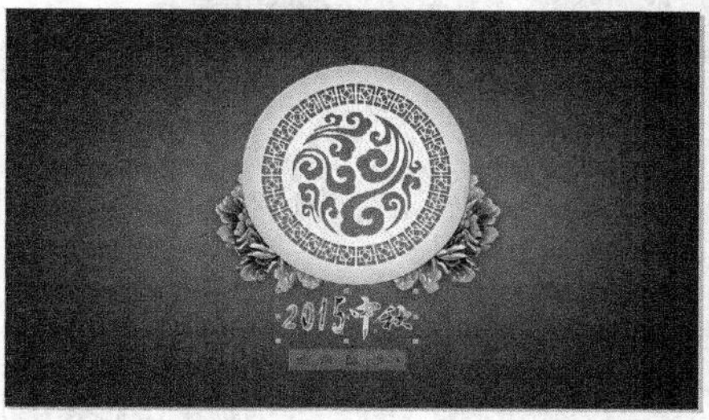

图 3-104

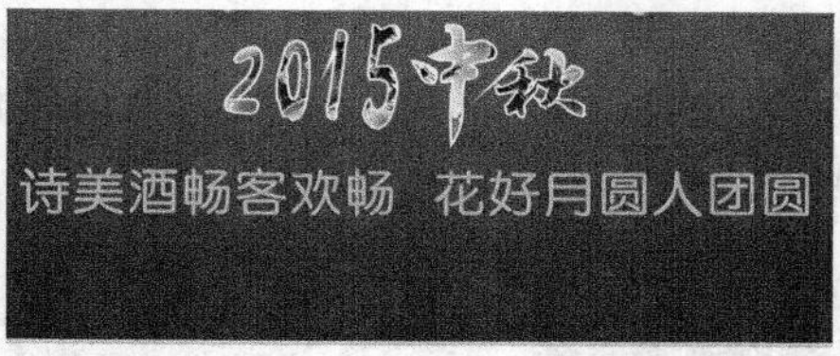

图 3-105

（9）选择“椭圆形”工具，按住 Ctrl 键的同时，在适当的位置绘制圆形，设置图形颜色的 CMYK 值为 0、0、30、0，填充图形，并去除图形的轮廓线，效果如图 3-106 所示。选择“2 点线”工具，按住 Shift 键的同时，在适当的位置绘制直线，如图 3-107 所示。

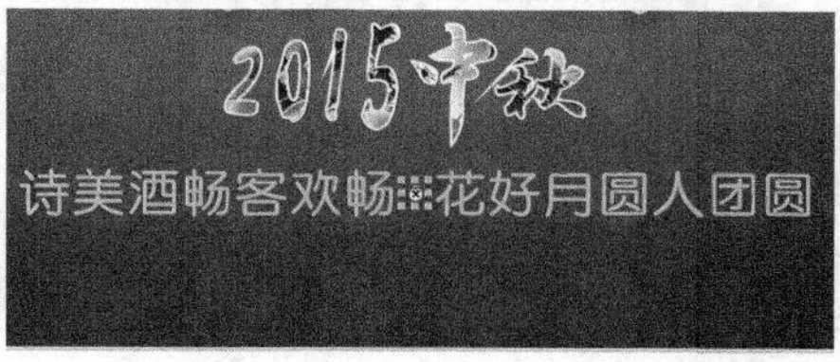

图 3-106

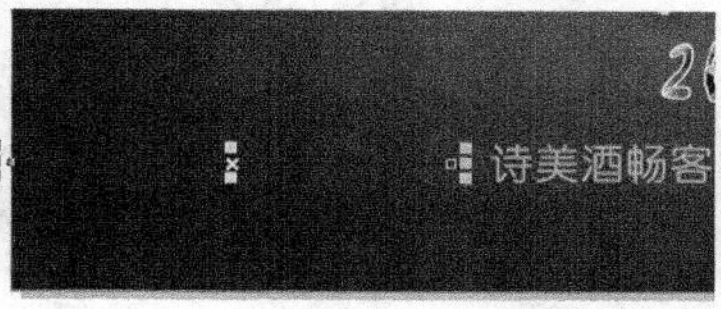

图 3-107

（10）设置轮廓线颜色的 CMYK 值为 0、30、100、0，填充轮廓线。在属性栏中的“轮廓宽度”.2 mm 框中设置数值为 0.5mm，效果如图 3-108 所示。选择“矩形”工具，在适当的位置绘制矩形，如图 3-109 所示。

（11）设置图形颜色的 CMYK 值为 0、100、100、18，填充图形，并去除图形的轮廓线，效果如图 3-110 所示。选择“选择”工具，按数字键盘上的+键，复制图形，拖曳到适当的位置，再拖曳右侧中间的控制手柄到适当的位置改变形状，效果如图 3-111 所示。

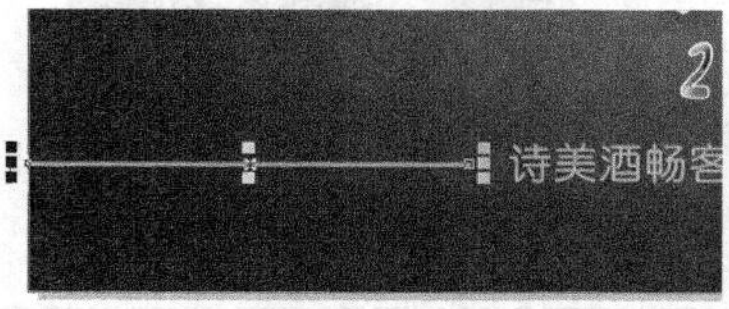

图 3-108

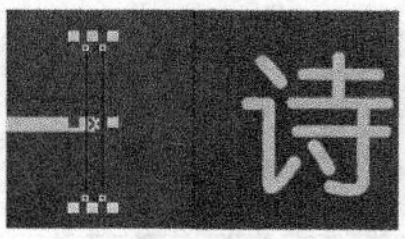

图 3-109

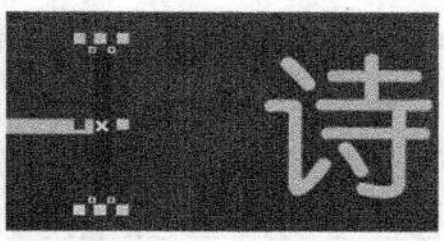

图 3-110

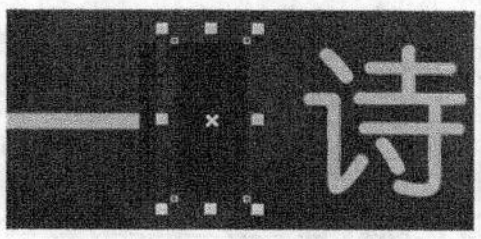

图 3-111

（12）选择"对象 > 转换为曲线"命令，将矩形转换为曲线。选择"形状"工具 ，在适当的位置双击鼠标，添加节点，并将其拖曳到适当的位置，效果如图 3-112 所示。选择"选择"工具 ，用圈选的方法将需要的图形同时选取，按数字键盘上的+键，复制图形。按住 Shift 键的同时，将其水平拖曳到适当的位置，如图 3-113 所示。

图 3-112   图 3-113

（13）保持图形的选取状态，单击属性栏中的"水平镜像"按钮 ，镜像图形，效果如图 3-114 所示。中秋贺卡背面效果制作完成，如图 3-115 所示。

图 3-114   图 3-115

3.3　课后习题——新年贺卡设计

习题知识要点

在 Photoshop 中，使用钢笔工具和创建剪贴蒙版命令制作装饰图形；使用钢笔工具和图层样式命令制作金属框；使用阴影工具制作花图片的阴影效果；使用混合模式选项和不透明度选项制作纹理效果。在 CorelDRAW 中，使用文本工具添加祝福文字；使用贝塞尔工具和文本工具绘制印章图形。新年贺卡设计效果如图 3-116 所示。

效果所在位置

光盘/Ch03/效果/新年贺卡设计/新年贺卡.cdr。

图 3-116

第 4 章　书籍装帧设计

精美的书籍装帧设计可以带给读者更多的阅读乐趣。一本好书是好的内容和好的书籍装帧的完美结合。本章主要讲解的是书籍的封面设计。封面设计包括书名、色彩、装饰元素，以及作者和出版社名称等内容。本章以美食书籍封面为例，讲解封面的设计方法和制作技巧。

课堂学习目标	/ 在Photoshop软件中制作书籍封面底图
	/ 在CorelDRAW软件中添加相关内容和信息

4.1　美食书籍封面设计

案例学习目标

学习在 Photoshop 中使用参考线分割页面；使用移动工具、高斯模糊命令、图层面板编辑图片制作背景效果。在 CorelDRAW 中使用绘图工具和文本工具添加相关内容和出版信息。

案例知识要点

在 Photoshop 中，使用新建参考线命令分割页面；使用高斯模糊命令模糊背景图片；使用蒙版和渐变工具擦除图片中不需要的图片区域；使用复制命令和图层面板添加花纹。在 CorelDRAW 中，使用导入命令导入需要的图片；使用文本工具和文本属性面板来编辑文本；使用文本工具、转换为曲线命令和形状工具制作书名；使用椭圆形工具、导入命令和文本工具制作标签；使用图框精确剪裁命令制作文字和图片的剪裁效果；使用条形码命令添加书籍条码。美食书籍封面设计效果如图 4-1 所示。

效果所在位置

光盘/Ch04/效果/美食书籍封面设计/美食书籍封面.cdr。

Photoshop 应用

4.1.1　制作封面底图

（1）按 Ctrl+N 组合键，新建一个文件：宽度为 38.4cm，高度为 26.6cm，分辨率为 300 像素/英寸，颜色模式为 RGB，背景内容为白色。选择"视图 > 新建参考线"命

图 4-1

令，弹出"新建参考线"对话框，设置如图 4-2 所示，单击"确定"按钮，效果如图 4-3 所示。用相同的方法，在 18.7cm、19.7cm 和 38.1cm 处新建 3 条垂直参考线，效果如图 4-4 所示。

图 4-2   图 4-3   图 4-4

（2）选择"视图 > 新建参考线"命令，弹出"新建参考线"对话框，设置如图 4-5 所示，单击"确定"按钮，效果如图 4-6 所示。用相同的方法，在 36.3cm 处新建水平参考线，效果如图 4-7 所示。

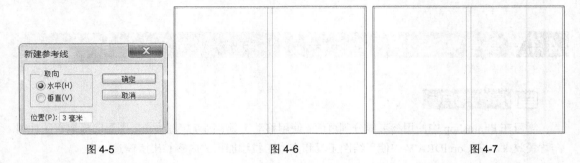

图 4-5   图 4-6   图 4-7

（3）将前景色设为粉红色（其 R、G、B 值分别为 253、128、164），按 Alt+Delete 组合键，用前景色填充"背景"图层，效果如图 4-8 所示。按 Ctrl + O 组合键，打开光盘中的"Ch04 > 素材 > 美食书籍封面设计 > 01"文件，选择"移动"工具，将图片拖曳到图像窗口的适当位置，并调整其大小，效果如图 4-9 所示，在"图层"控制面板中生成新图层并将其命名为"图片"。

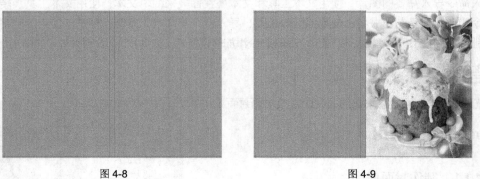

图 4-8   图 4-9

（4）将"图片"图层拖曳到控制面板下方的"创建新图层"按钮上进行复制，生成新图层"图片 拷贝"，如图 4-10 所示。单击拷贝图层左侧的眼睛图标，将拷贝图层隐藏，并选取"图片"图层，如图 4-11 所示。

图 4-10　　　　　　　　　　　　　　图 4-11

（5）选择"滤镜 > 模糊 > 高斯模糊"命令，在弹出的对话框中进行设置，如图 4-12 所示，单击"确定"按钮，效果如图 4-13 所示。

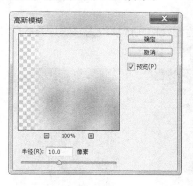
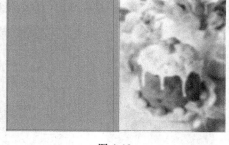

图 4-12　　　　　　　　　　　　　　图 4-13

（6）在"图层"控制面板上方，将"图片"图层的"不透明度"选项设为 73%，如图 4-14 所示，图像效果如图 4-15 所示。

图 4-14　　　　　　　　　　　　　　图 4-15

（7）单击"图片 拷贝"图层左侧的空白图标 ，显示并选取该图层，如图 4-16 所示。单击"图层"控制面板下方的"添加图层蒙版"按钮 ，为图层添加蒙版，如图 4-17 所示。

（8）选择"渐变"工具 ，单击属性栏中的"点按可编辑渐变"按钮 ，弹出"渐变编辑器"对话框，将渐变色设为从黑色到白色，单击"确定"按钮。在图片上由上至中间拖曳渐变色，松开鼠标后的效果如图 4-18 所示。

图 4-16

图 4-17

图 4-18

（9）按 Ctrl + O 组合键，打开光盘中的"Ch04 > 素材 > 美食书籍封面设计 > 02"文件，选择"移动"工具 ，将图片拖曳到图像窗口的适当位置，并调整其大小，效果如图 4-19 所示，在"图层"控制面板中生成新图层并将其命名为"花纹"。

（10）在"图层"控制面板上方，将"花纹"图层的混合模式选项设为"正片叠底"，"不透明度"选项设为 56%，如图 4-20 所示，图像窗口中的效果如图 4-21 所示。

图 4-19

图 4-20

图 4-21

（11）选择"移动"工具 ，按住 Alt 键的同时，拖曳图像到适当的位置，复制图像。按 Ctrl+T 组合键，图像周围出现变换框，按住 Shift+Alt 组合键的同时，向外拖曳变换框的控制手柄，等比例放大图像，按 Enter 键确定操作，效果如图 4-22 所示，"图层"面板如图 4-23 所示。用相同的方法复制其他图形，效果如图 4-24 所示。

图 4-22

图 4-23

图 4-24

（12）按 Ctrl+；组合键，隐藏参考线。按 Ctrl+Shift+E 组合键，合并可见图层。按 Ctrl+S 组合键，弹出"存储为"对话框，将制作好的图像命名为"封面底图"，保存为 TIFF 格式，单击"保存"按钮，弹出"TIFF 选项"对话框，单击"确定"按钮，将图像保存。

CorelDRAW 应用

4.1.2　添加参考线

（1）打开 CorelDRAW 软件，按 Ctrl+N 组合键，新建一个页面。在属性栏的"页面度量"选项中分别设置宽度为 378mm，高度为 260mm，按 Enter 键，页面显示为设置的大小，如图 4-25 所示。选择"视图 > 页 > 出血"命令，在页面周围显示出血，如图 4-26 所示。

图 4-25　　　　　　　　　　图 4-26

（2）按 Ctrl+J 组合键，弹出"选项"对话框，选择"辅助线/水平"选项，在"文字框"中设置数值为 0，如图 4-27 所示，单击"添加"按钮，在页面中添加一条水平辅助线。用相同的方法在 189mm 处添加 1 条水平辅助线，单击"确定"按钮，效果如图 4-28 所示。

图 4-27　　　　　　　　　　图 4-28

（3）按 Ctrl+J 组合键，弹出"选项"对话框，选择"辅助线/垂直"选项，在"文字框"中设置数值为 0，如图 4-29 所示，单击"添加"按钮，在页面中添加一条垂直辅助线。用相同的方法在 184mm、194mm、378mm 处添加 3 条垂直辅助线，单击"确定"按钮，效果如图 4-30 所示。

图 4-29　　　　　　　　　　　　　　　　　图 4-30

4.1.3　制作书名

（1）按 Ctrl+I 组合键，弹出"导入"对话框，打开光盘中的"Ch04 > 效果 > 美食书籍封面设计 > 书籍封面底图"文件，单击"导入"按钮，在页面中单击导入图片。按 P 键，图片居中对齐页面，效果如图 4-31 所示。

（2）选择"文本"工具 字，在页面中分别输入需要的文字，选择"选择"工具 ，在属性栏中选取适当的字体并设置文字大小，效果如图 4-32 所示。

图 4-31　　　　　　　　　　　　　　图 4-32

（3）分别选取需要的文字，设置文字颜色的 CMYK 值为 0、85、100、0 和 0、60、100、0，填充文字，效果如图 4-33 所示。按住 Shift 键的同时，将两个文字同时选取，再次单击文字，使其处于选取状态，向右拖曳上方中间的控制手柄到适当的位置，效果如图 4-34 所示。

图 4-33　　　　　　图 4-34

（4）选择"选择"工具 ，选取需要的文字。选择"轮廓图"工具 ，向左侧拖曳光标，为图形添加轮廓化效果。在属性栏中将"填充色"选项设置为白色，其他选项的设置如图 4-35 所示，按 Enter 键，效果如图 4-36 所示。

图 4-35　　　　　　　　　　　　　　　　　图 4-36

（5）选择"选择"工具 ，选取需要的文字。选择"轮廓图"工具 ，向左侧拖曳光标，为图形添加轮廓化效果。在属性栏中将"填充色"选项设置为白色，其他选项的设置如图 4-37 所示，按 Enter 键，效果如图 4-38 所示。

图 4-37　　　　　　　　　　　　　　　　　图 4-38

（6）选择"文本"工具 ，在页面中适当的位置分别输入需要的文字，选择"选择"工具 ，在属性栏中选取适当的字体并设置文字大小，效果如图 4-39 所示。分别选取需要的文字，设置文字颜色的 CMYK 值为 0、85、100、0 和 0、0、100、0，填充文字，效果如图 4-40 所示。

图 4-39　　　　　　　　　　　　　图 4-40

（7）选择"选择"工具 ，选取需要的文字。按 Ctrl+T 组合键，弹出"文本属性"泊坞窗，单击"段落"按钮 ，选项的设置如图 4-41 所示，按 Enter 键，效果如图 4-42 所示。

图 4-41　　　　　　　　　　　　图 4-42

57

（8）选择"选择"工具 ，选取需要的文字。选择"轮廓图"工具 ，向左侧拖曳光标，为图形添加轮廓化效果。在属性栏中将"填充色"选项颜色的 CMYK 值设为 0、60、60、40，其他选项的设置如图 4-43 所示，按 Enter 键，效果如图 4-44 所示。

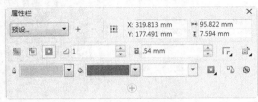

图 4-43　　　　　　　　　　　　　　　　　图 4-44

（9）选择"选择"工具 ，选取需要的文字。选择"轮廓图"工具 ，向左侧拖曳光标，为图形添加轮廓化效果。在属性栏中将"填充色"选项设置为白色，其他选项的设置如图 4-45 所示，按 Enter 键，效果如图 4-46 所示。

图 4-45　　　　　　　　　　　　　　　　　图 4-46

（10）选择"椭圆形"工具 ，按住 Ctrl 键的同时，绘制一个圆形，设置图形颜色的 CMYK 值为 0、60、100、0，填充图形，并去除图形的轮廓线，效果如图 4-47 所示。选择"选择"工具 ，选取圆形，按数字键盘上的+键，复制圆形，拖曳到适当的位置，效果如图 4-48 所示。设置图形颜色的 CMYK 值为 0、85、100、0，填充图形，效果如图 4-49 所示。

图 4-47　　　　　　图 4-48　　　　　　图 4-49

（11）按 Ctrl+I 组合键，弹出"导入"对话框，打开光盘中的"Ch05 > 素材 > 美食书籍封面设计 > 03"文件，单击"导入"按钮，在页面中单击导入图片，将其拖曳到适当的位置并调整其大小，如图 4-50 所示。

（12）选择"文本"工具 ，在页面中分别输入需要的文字，选择"选择"工具 ，在属性栏中选取适当的字体并设置文字大小，效果如图 4-51 所示。将两个文字同时选取，按 Ctrl+Q 组合键，转换为曲线，效果如图 4-52 所示。

图 4-50　　　　　图 4-51　　　　　图 4-52

（13）选择"选择"工具 ，选取文字"时"。选择"形状"工具 ，按住 Shift 键的同时，将需要的锚点同时选取，如图 4-53 所示。按 Delete 键，删除选取的锚点，效果如图 4-54 所示。选择"选择"工具 ，选取文字"尚"，拖曳到适当的位置，效果如图 4-55 所示。

图 4-53　　　　　图 4-54　　　　　图 4-55

（14）选择"形状"工具 ，按住 Shift 键的同时，将需要的锚点同时选取，如图 4-56 所示。向上拖曳到适当的位置，效果如图 4-57 所示。

图 4-56　　　　　图 4-57

（15）选择"选择"工具 ，用圈选的方法将需要的文字同时选取，单击属性栏中的"合并"按钮 ，合并文字图形，如图 4-58 所示，拖曳到适当的位置，效果如图 4-59 所示。设置图形颜色的 CMYK 值为 0、0、100、0，填充图形，设置轮廓线颜色的 CMYK 值为 0、20、40、60，填充轮廓线。在属性栏中的"轮廓宽度" .2 mm 框中设置数值为 1mm，按 Enter 键，效果如图 4-60 所示。

图 4-58　　　　　图 4-59　　　　　图 4-60

（16）选择"文本"工具 ，在页面中输入需要的文字，选择"选择"工具 ，在属性栏中选

取适当的字体并设置文字大小，设置文字颜色的 CMYK 值为 0、0、20、80，填充文字，效果如图
4-61 所示。连续按 Ctrl+PageDown 组合键，将文字后移到适当的位置，效果如图 4-62 所示。

图 4-61　　　　　　　　　　　图 4-62

（17）保持文字的选取状态，选择"轮廓图"工具 ，向左侧拖曳光标，为图形添加轮廓化效果。
在属性栏中将"填充色"选项设置为白色，其他选项的设置如图 4-63 所示，按 Enter 键，效果如图
4-64 所示。

图 4-63　　　　　　　　　　　图 4-64

（18）选择"文本"工具 ，在页面中输入需要的文字，选择"选择"工具 ，在属性栏中选
取适当的字体并设置文字大小，效果如图 4-65 所示。在"文本属性"泊坞窗中，选项的设置如图 4-66
所示，按 Enter 键，效果如图 4-67 所示。

图 4-65　　　　　　　　图 4-66　　　　　　　　图 4-67

（19）保持文字的选取状态，设置文字颜色的 CMYK 值为 0、85、100、0，填充文字，效果如图
4-68 所示。选择"选择"工具 ，选取需要的圆形。按数字键盘上的+键，复制圆形。按 Shift+PageUp
组合键，将复制的圆形移到图层的前面，效果如图 4-69 所示。设置图形颜色的 CMYK 值为 0、20、
60、20，填充图形，效果如图 4-70 所示。

图 4-68　　　　　　　　　图 4-69　　　　　　　　　图 4-70

（20）保持图形的选取状态。选择"效果 > 图框精确剪裁 > 放置在容器中"命令，鼠标光标变为黑色箭头在文字上单击，如图 4-71 所示，将图形置入文字中，效果如图 4-72 所示。连续按 Ctrl+PageDown 组合键，将文字后移到适当的位置，效果如图 4-73 所示。

图 4-71　　　　　　　　　图 4-72　　　　　　　　　图 4-73

（21）选择"文本"工具，在适当的位置输入需要的文字，选择"选择"工具，在属性栏中选取适当的字体并设置文字大小，设置文字颜色的 CMYK 值为 0、0、20、80，填充文字，效果如图 4-74 所示。

（22）按 F12 键，弹出"轮廓笔"对话框，将"颜色"选项设置为白色，其他选项的设置如图 4-75 所示，单击"确定"按钮，效果如图 4-76 所示。

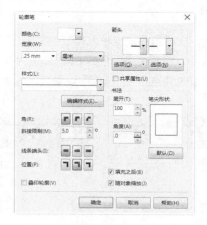

图 4-74　　　　　　　　　图 4-75　　　　　　　　　图 4-76

（23）选择"选择"工具，用圈选的方法将需要的图形和文字同时选取，如图 4-77 所示。连续按 Ctrl+PageDown 组合键，将其后移到适当的位置，效果如图 4-78 所示。

图 4-77 　　　　　　　　　　图 4-78

（24）选择"矩形"工具 □，在适当的位置绘制一个矩形，设置图形颜色的 CMYK 值为 0、85、100、0，填充图形，并去除图形的轮廓线。在属性栏中的"圆角半径" 框中设置数值为 10mm，如图 4-79 所示，按 Enter 键，效果如图 4-80 所示。

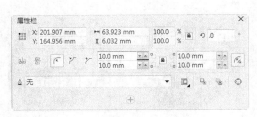

图 4-79 　　　　　　　　　　图 4-80

（25）选择"文本"工具 字，在适当的位置输入需要的文字，选择"选择"工具 ，在属性栏中选取适当的字体并设置文字大小，填充文字为白色，效果如图 4-81 所示。选择"椭圆形"工具 ○，按住 Ctrl 键的同时，绘制一个圆形，填充图形为白色，并去除图形的轮廓线，效果如图 4-82 所示。

图 4-81 　　　　　　　　　　图 4-82

（26）选择"文本"工具 字，在适当的位置输入需要的文字，选择"选择"工具 ，在属性栏中选取适当的字体并设置文字大小，设置文字颜色的 CMYK 值为 0、85、100、0，填充文字，效果如图 4-83 所示。在属性栏中的"旋转角度" 框中设置数值为 22°，按 Enter 键，效果如图 4-84 所示。

图 4-83 　　　　　　　　　　图 4-84

4.1.4　制作标签

（1）选择"椭圆形"工具 ○，按住 Ctrl 键的同时，绘制一个圆形。填充为白色，设置轮廓线颜色的 CMYK 值为 53、46、100、1，填充轮廓线。在属性栏中的"轮廓宽度" 框中设置数值为 1.4mm，按 Enter 键，效果如图 4-85 所示。

（2）选择"选择"工具 ，按数字键盘上的+键，复制圆形。按住 Shift 键的同时，向内拖曳控制手柄，等比例缩小圆形。设置轮廓线颜色的 CMYK 值为 0、0、20、80，填充轮廓线。在属性栏中的"轮廓宽度" ⌂ .2 mm ▾ 框中设置数值为 0.5mm，按 Enter 键，效果如图 4-86 所示。

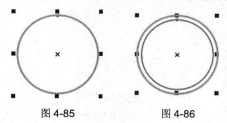

图 4-85   图 4-86

（3）按 Ctrl+I 组合键，弹出"导入"对话框，打开光盘中的"Ch05 > 素材 > 美食书籍封面设计 > 04"文件，单击"导入"按钮，在页面中单击导入图片，将其拖曳到适当的位置并调整其大小，如图 4-87 所示。

（4）选择"文本"工具 字，在适当的位置分别输入需要的文字，选择"选择"工具 ，在属性栏中选取适当的字体并设置文字大小，设置文字颜色的 CMYK 值为 53、46、100、1，填充文字，效果如图 4-88 所示。

图 4-87   图 4-88

（5）选取需要的文字，在"文本属性"泊坞窗中，选项的设置如图 4-89 所示，按 Enter 键，效果如图 4-90 所示。用圈选的方法将需要的图形和文字同时选取，拖曳到适当的位置，效果如图 4-91 所示。

图 4-89   图 4-90   图 4-91

4.1.5　添加出版社信息

（1）选择"文本"工具 字，在适当的位置分别输入需要的文字，选择"选择"工具 ，在属性栏中分别选取适当的字体并设置文字大小，效果如图 4-92 所示。选取需要的文字，在"文本属性"

泊坞窗中，选项的设置如图 4-93 所示，按 Enter 键，效果如图 4-94 所示。

| 图 4-92 | 图 4-93 | 图 4-94 |

（2）选择"贝塞尔"工具，绘制一个图形。设置图形颜色的 CMYK 值为 0、100、100、20，填充图形，并去除图形的轮廓线，效果如图 4-95 所示。选择"文本"工具，在适当的位置输入需要的文字，选择"选择"工具，在属性栏中分别选取适当的字体并设置文字大小，设置文字颜色的 CMYK 值为 0、0、20、0，填充文字，效果如图 4-96 所示。

| 图 4-95 | 图 4-96 |

4.1.6　制作封底图形和文字

（1）选择"矩形"工具，绘制一个矩形，填充为白色，效果如图 4-97 所示。在属性栏中单击"同时编辑所有角"按钮，使其处理未锁定状态，选项的设置如图 4-98 所示，按 Enter 键，效果如图 4-99 所示。

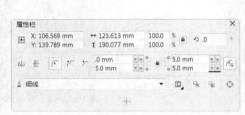

| 图 4-97 | 图 4-98 | 图 4-99 |

（2）按 F12 键，弹出"轮廓笔"对话框，将"颜色"选项的 CMYK 值设置为 0、85、100、0，其他选项的设置如图 4-100 所示，单击"确定"按钮，效果如图 4-101 所示。

（3）选择"文本"工具，在适当的位置分别拖曳文本框并输入需要的文字，选择"选择"工具，在属性栏中分别选取适当的字体并设置文字大小，效果如图 4-102 所示。

图 4-100　　　　　　　　　　图 4-101　　　　　　　　　图 4-102

（4）选择"文本"工具 字，分别选取需要的文字，设置文字颜色的 CMYK 值为 0、85、100、0，填充文字，效果如图 4-103 所示。选择"2 点线"工具，绘制一条直线，设置轮廓线颜色的 CMYK 值为 0、85、100、0，填充轮廓线，效果如图 4-104 所示。

图 4-103　　　　　　　　图 4-104

（5）按 Ctrl+I 组合键，弹出"导入"对话框，打开光盘中的"Ch05 > 素材 > 美食书籍封面设计 > 03"文件，单击"导入"按钮，在页面中单击导入图片，将其拖曳到适当的位置并调整其大小，如图 4-105 所示。

（6）选择"矩形"工具 □，绘制一个矩形。在属性栏中的"圆角半径"框中设置数值为 3mm，如图 4-106 所示，按 Enter 键，效果如图 4-107 所示。

图 4-105　　　　　　　　　　图 4-106　　　　　　　　　　图 4-107

（7）选择"选择"工具，分别选取需要的文字，复制并调整其位置和大小，效果如图 4-108

所示。分别选取文字，设置文字颜色的 CMYK 值为 0、0、100、0 和 0、0、20、0，分别填充文字，效果如图 4-109 所示。

（8）按 Ctrl+I 组合键，弹出"导入"对话框，打开光盘中的"Ch04 > 素材 > 美食书籍封面设计 > 05"文件，单击"导入"按钮，在页面中单击导入图片，将其拖曳到适当的位置并调整其大小，如图 4-110 所示。

图 4-108　　　　　　图 4-109　　　　　　　　图 4-110

（9）选择"矩形"工具 □，在适当的位置绘制一个矩形，如图 4-111 所示。选择"选择"工具 ，选取图片。选择"效果 > 图框精确剪裁 > 放置在容器中"命令，鼠标光标变为黑色箭头，在矩形框上单击，如图 4-112 所示，将图片置入矩形中，并去除图形的轮廓线，效果如图 4-113 所示。

图 4-111　　　　　　　图 4-112　　　　　　　图 4-113

（10）选择"选择"工具 ，选取需要的标签。按数字键盘上的+键，复制图形，拖曳到适当的位置并调整其大小，效果如图 4-114 所示。选择"文本"工具 ，在适当的位置输入需要的文字，选择"选择"工具 ，在属性栏中选取适当的字体并设置文字大小，效果如图 4-115 所示。

图 4-114　　　　　　　　图 4-115

（11）选择"对象 > 插入条码"命令，弹出"条码向导"对话框，在各选项中按要求进行设置，如图 4-116 所示。设置好后，单击"下一步"按钮，在设置区内按要求进行设置，如图 4-117 所示。设置好后，单击"下一步"按钮，在设置区内按要求进行各项设置，如图 4-118 所示。设置好后，单击"完成"按钮，效果如图 4-119 所示。选择"选择"工具 ，选取条形码，将其拖曳到适当的位置并调整其大小，如图 4-120 所示。

图 4-116

图 4-117

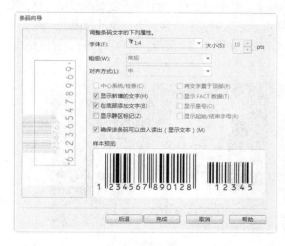

图 4-118

图 4-119

图 4-120

（12）选择"矩形"工具 ，在适当的位置绘制一个矩形，填充为白色，并去除图形的轮廓线，如图 4-121 所示。按 Ctrl+PageDown 组合键，后移矩形，效果如图 4-122 所示。

图 4-121

图 4-122

4.1.7　制作书脊

（1）选择"矩形"工具 □，在适当的位置绘制一个矩形。设置图形颜色的 CMYK 值为 0、85、100、0，填充图形，并去除图形的轮廓线。单击属性栏中的"扇形角"按钮 ，在"圆角半径"框中设置数值为 10mm，如图 4-123 所示，按 Enter 键，效果如图 4-124 所示。

图 4-123　　　　　　　　　　　　　　　　　图 4-124

（2）选择"文本"工具 ，在适当的位置输入需要的文字并选取文字，在属性栏中选取适当的字体并设置文字大小。分别选取文字，设置文字颜色的 CMYK 值为 0、0、100、0 和白色，填充文字，效果如图 4-125 所示。

（3）选择"选择"工具 ，选取需要的文字和图形。按数字键盘上的+键，复制图形和文字，拖曳到适当的位置并调整其大小，效果如图 4-126 所示。选取需要的文字，单击属性栏中的"将文本更改为垂直方向"按钮 ，将文字更改为垂直方向，效果如图 4-127 所示。美食书籍封面制作完成，效果如图 4-128 所示。

图 4-125　　　　图 4-126　　　　图 4-127　　　　　　　　图 4-128

4.2　课后习题——旅游书籍封面设计

习题知识要点

在 Photoshop 中，使用镜头光晕命令为背景图片添加光晕效果；使用自然饱和度、照片滤镜和色阶命令的调整层制作背景效果。在 CorelDRAW 中，使用矩形工具、合并按钮和透明度工具制作色块；使用文本工具和文本属性面板添加内容文字；使用阴影工具为作者名称添加阴影；使用条形码命令添加书籍条码。旅游书籍封面设计效果如图 4-129 所示。

图 4-129

效果所在位置

光盘/Ch04/效果/旅游书籍封面设计/旅游书籍封面.cdr。

第 5 章　唱片封面设计

唱片封面设计是应用设计的一个重要门类。唱片封面是音乐的外貌，不仅要体现出唱片的内容和性质，还要体现出音乐的美感。本章以瑜伽养生唱片的封面设计为例，讲解唱片封面的设计方法和制作技巧。

课堂学习目标　　　／　在Photoshop软件中制作唱片封面底图
　　　　　　　　　　　／　在CorelDRAW软件中添加文字及出版
　　　　　　　　　　　　　信息

5.1　瑜伽养生唱片封面设计

案例学习目标

学习在 Photoshop 中使用绘图工具、图层调整层和剪贴蒙版制作唱片的封面底图。在 CorelDRAW 中使用文本工具、绘图工具和编辑工具添加相关文字及出版信息。

案例知识要点

在 Photoshop 中使用新建参考线命令分割页面；使用圆角矩形工具和矩形工具绘制形状图形，使用复制命令和变换命令制作背景效果，使用自然饱和度和曲线调整层调整背景效果。在 CorelDRAW 中使用文本工具、渐变工具和文本属性面板添加内容文字；使用矩形工具、椭圆形工具、文本工具和阴影工具绘制标签；使用矩形工具和透明度工具制作半透明色块。瑜伽养生唱片封面设计效果如图 5-1 所示。

效果所在位置

光盘/Ch05/效果/瑜伽养生唱片封面设计/瑜伽养生唱片封面.cdr"。

图 5-1

Photoshop 应用

5.1.1　置入并编辑图片

（1）按 Ctrl+N 组合键，新建一个文件：宽度为 304.5mm，高度为 132mm，分辨率为 300 像素/英寸，颜色模式为 CMYK，背景内容为白色。选择"视图 > 新建参考线"命令，弹出"新建参考线"对话框，设置如图 5-2 所示，单击"确定"按钮，效果如图 5-3 所示。用相同的方法，在 158.5mm 处新建一条垂直参考线，效果如图 5-4 所示。

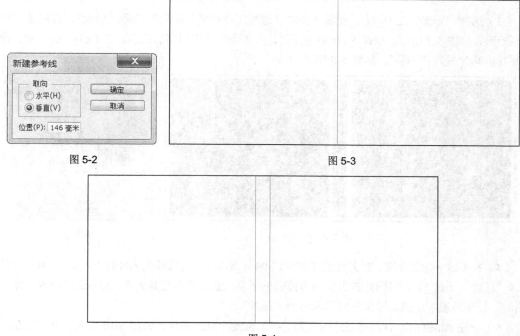

图 5-2　　　　　　　　　　　　　　　　　　　　图 5-3

图 5-4

（2）选择"圆角矩形"工具，在属性栏的"选择工具模式"选项中选择"形状"，将"半径"选项设为 60 像素，在图像窗口中绘制圆角矩形，如图 5-5 所示，在"图层"控制面板中生成新的图层。选择"移动"工具，按住 Alt 键的同时，将其拖曳到适当的位置，效果如图 5-6 所示。

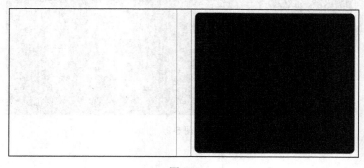

图 5-5

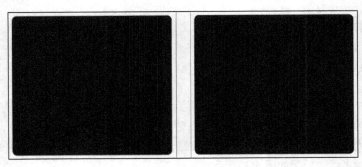

图 5-6

（3）选择"矩形"工具 ▣，在属性栏的"选择工具模式"选项中选择"形状"，在图像窗口中绘制矩形，如图 5-7 所示。按住 Shift 键的同时，将 3 个形状图层同时选取。按 Ctrl+E 组合键，合并图层并将其命名为"图形"，如图 5-8 所示。

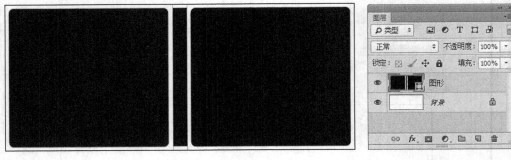

图 5-7   图 5-8

（4）按 Ctrl + O 组合键，打开光盘中的"Ch04 > 素材 > 瑜伽养生唱片封面设计 > 01"文件，选择"移动"工具 ▶₊，将图片拖曳到图像窗口的适当位置，并调整其大小，效果如图 5-9 所示，在"图层"控制面板中生成新图层并将其命名为"图片"。

（5）按住 Alt 键的同时，将图片拖曳到适当的位置，复制图片，如图 5-10 所示，在"图层"控制面板中生成拷贝图层。按 Ctrl+T 组合键，在图像周围出现变换框，单击鼠标右键，在弹出的菜单中选择"水平翻转"命令，翻转图像，按 Enter 键确认操作，效果如图 5-11 所示。

图 5-9

图 5-10

图 5-11

（6）按住 Shift 键的同时，将"图片"图层和"图层 拷贝"图层同时选取，按 Ctrl+E 组合键，合并图层并将其命名为"合成图片"，如图 5-12 所示。按 Ctrl+Alt+G 组合键，创建剪贴蒙版，"图层"面板如图 5-13 所示，图像效果如图 5-14 所示。

图 5-12

图 5-13

图 5-14

（7）单击"图层"控制面板下方的"创建新的填充或调整图层"按钮 ，在弹出的菜单中选择"自然饱和度"命令，在"图层"控制面板中生成"自然饱和度 1"图层，同时弹出"自然饱和度"面板，选项的设置如图 5-15 所示，按 Enter 键，图像效果如图 5-16 所示。

图 5-15　　　　　　　　　　　　　　　　图 5-16

（8）单击"图层"控制面板下方的"创建新的填充或调整图层"按钮 ，在弹出的菜单中选择"曲线"命令，在"图层"控制面板中生成"曲线 1"图层，同时弹出"曲线"面板，在曲线上单击鼠标添加控制点，将"输入"选项设为 60，"输出"选项设为 44，如图 5-17 所示，按 Enter 键，图像效果如图 5-18 所示。

（9）按 Ctrl+; 组合键，隐藏参考线。按 Ctrl+Shift+E 组合键，合并可见图层。按 Ctrl+S 组合键，弹出"存储为"对话框，将制作好的图像命名为"封面底图"，保存为 TIFF 格式，单击"保存"按钮，弹出"TIFF 选项"对话框，单击"确定"按钮，将图像保存。

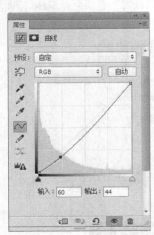

图 5-17　　　　　　　　　　　　　　　　图 5-18

CorelDRAW

5.1.2　制作封面内容

（1）打开 CorelDRAW 软件，按 Ctrl+N 组合键，新建一个页面。在属性栏的"页面度量"选项中分别设置宽度为 304.5mm，高度为 132mm，按 Enter 键，页面显示为设置的大小。按 Ctrl+I 组合键，弹出"导入"对话框，打开光盘中的"Ch05 > 效果 > 瑜伽养生唱片封面设计 > 封面底图"文件，单击"导入"按钮，在页面中单击导入图片。按 P 键，图片居中对齐页面，效果如图 5-19 所示。

图 5-19

（2）选择"矩形"工具 □，绘制一个矩形。设置图形颜色的 CMYK 值为 38、0、40、0，填充图形，并去除图形的轮廓线，在属性栏中单击"同时编辑所有角"按钮 🔒，使其处于未锁定状态，选项的设置如图 5-20 所示，按 Enter 键，效果如图 5-21 所示。

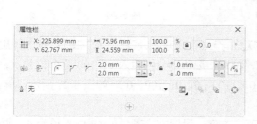

图 5-20

图 5-21

（3）选择"透明度"工具 🔊，在属性栏中单击"均匀透明度"按钮 ▣，其他选项的设置如图 5-22 所示，按 Enter 键，效果如图 5-23 所示。

图 5-22

图 5-23

（4）选择"文本"工具 🗛，在页面中分别输入需要的文字，选择"选择"工具 🔌，在属性栏中分别选取适当的字体并设置文字大小，效果如图 5-24 所示。

图 5-24

（5）选择"选择"工具 ，选取需要的文字。按 Ctrl+T 组合键，弹出"文本属性"泊坞窗，单击"段落"按钮，选项的设置如图 5-25 所示，按 Enter 键，效果如图 5-26 所示。

图 5-25　　　　　　　　　　　　　　　　图 5-26

（6）选择"选择"工具 ，选择文字"瑜伽养生"。选择"编辑填充"工具 ，弹出"编辑填充"对话框，单击"渐变填充"按钮 ，在"位置"选项中分别输入 0、100 两个位置点，分别设置位置点颜色的 CMYK 值为 0（0、90、100、0）、100（0、0、100、0），如图 5-27 所示。单击"确定"按钮，填充文字，效果如图 5-28 所示。

（7）选择"选择"工具 ，选择右侧的英文文字，设置文字颜色的 CMYK 值为 0、90、100、0，填充文字，效果如图 5-29 所示。

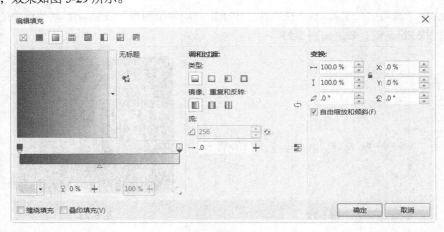

图 5-27

图 5-28　　　　　　　　　　　图 5-29

（8）选择"文本"工具 ，在页面中分别输入需要的文字，选择"选择"工具 ，在属性栏中分别选取适当的字体并设置文字大小，填充文字为白色，效果如图 5-30 所示。

图 5-30

（9）选择"选择"工具 ，选取需要的文字。在"文本属性"泊坞窗中，选项的设置如图 5-31 所示，按 Enter 键，效果如图 5-32 所示。

图 5-31　　　　　　　　　　　图 5-32

（10）选择"文本"工具 ，在页面的适当位置分别输入需要的文字，选择"选择"工具 ，在属性栏中分别选取适当的字体并设置文字大小，填充文字为白色，效果如图 5-33 所示。用圈选的方法将需要的文字同时选取，填充轮廓色为黑色，效果如图 5-34 所示。

图 5-33　　　　　　　　　　　图 5-34

（11）选择"选择"工具 ，选取需要的文字。在"文本属性"泊坞窗中，选项的设置如图 5-35 所示，按 Enter 键，效果如图 5-36 所示。

图 5-35　　　　　　　　　　　　　　　　图 5-36

（12）选择"文本"工具 ，在页面中分别输入需要的文字，选择"选择"工具 ，在属性栏中分别选取适当的字体并设置文字大小，填充文字为白色，效果如图 5-37 所示。选择"选择"工具 ，选取需要的文字。在"文本属性"泊坞窗中，选项的设置如图 5-38 所示，按 Enter 键，效果如图 5-39 所示。

图 5-37　　　　　　　　　　图 5-38　　　　　　　　　　图 5-39

（13）选择"选择"工具 ，选取需要的文字。在"文本属性"泊坞窗中，选项的设置如图 5-40 所示，按 Enter 键，效果如图 5-41 所示。

图 5-40　　　　　　　　　　图 5-41

5.1.3　制作标签

（1）选择"矩形"工具 ▫，绘制一个矩形，设置图形颜色的 CMYK 值为 60、0、100、0，填充图形，并去除图形的轮廓线。在属性栏中的"圆角半径" 框中设置数值为 10mm，如图 5-42 所示，按 Enter 键，效果如图 5-43 所示。

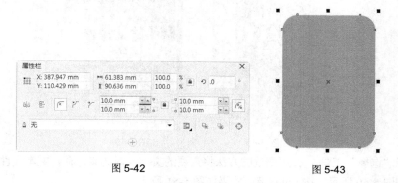

图 5-42　　　　　　　　　　　　　　图 5-43

（2）选择"椭圆形"工具 ○，按住 Ctrl 键的同时，绘制一个圆形，如图 5-44 所示。选择"选择"工具 ▸，用圈选的方法将需要的图形同时选取，单击属性栏中的"移除前面对象"按钮 ▫，修剪图形，效果如图 5-45 所示。

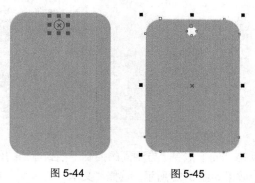

图 5-44　　　　　　图 5-45

（3）选择"矩形"工具 ▫，绘制一个矩形，填充轮廓线为白色。在属性栏中的"圆角半径"框中设置数值为 8.6mm，如图 5-46 所示，按 Enter 键，效果如图 5-47 所示。

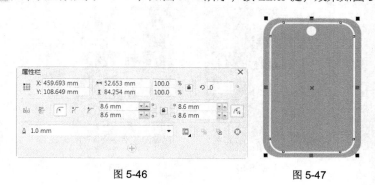

图 5-46　　　　　　　　　　　　　　图 5-47

（4）选择"文本"工具 字，在页面中分别输入需要的文字，选择"选择"工具 ，在属性栏中分别选取适当的字体并设置文字大小，填充文字为白色，效果如图 5-48 所示。按住 Shift 键的同时，将需要的文字同时选取，设置文字颜色的 CMYK 值为 100、0、100、70，填充文字，效果如图 5-49 所示。

图 5-48   图 5-49

（5）选择"选择"工具 ，用圈选的方法将需要的文字同时选取，在"文本属性"泊坞窗中，选项的设置如图 5-50 所示，按 Enter 键，效果如图 5-51 所示。

图 5-50   图 5-51

（6）保持文字的选取状态，向上拖曳上方中间的控制手柄到适当的位置，并向下拖曳下方中间的控制手柄到适当的位置，效果如图 5-52 所示。选择"文本"工具 字，在页面中分别输入需要的文字，选择"选择"工具 ，在属性栏中分别选取适当的字体并设置文字大小，选取需要的文字，填充为白色，效果如图 5-53 所示。

图 5-52   图 5-53

（7）选择"选择"工具 ，将需要的文字选取，在"文本属性"泊坞窗中，选项的设置如图 5-54 所示，按 Enter 键，效果如图 5-55 所示。

图 5-54　　　　　　　　　　　图 5-55

（8）选择"选择"工具 ，将需要的文字选取，在"文本属性"泊坞窗中，选项的设置如图 5-56 所示，按 Enter 键，效果如图 5-57 所示。

图 5-56　　　　　　　　　　　图 5-57

（9）选择"选择"工具 ，使用圈选的方法将需要的图形同时选取，拖曳到适当的位置，效果如图 5-58 所示。在属性栏中的"旋转角度" 框中设置数值为-22，按 Enter 键，效果如图 5-59 所示。

图 5-58　　　　　　　　　　　图 5-59

（10）选取需要的图形，如图 5-60 所示。选择"阴影"工具 ，在图片上由上至下拖曳光标，为图片添加阴影效果。其他选项的设置如图 5-61 所示，按 Enter 键，效果如图 5-62 所示。

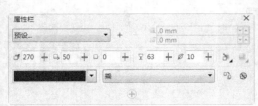

图 5-60　　　　　　　　　　　　　　　图 5-61　　　　　　　　　　　　　　　图 5-62

（11）选择"选择"工具 ，用圈选的方法将需要的图形同时选取，按数字键盘上的+键，复制图形。在属性栏中的"旋转角度" 框中设置数值为 33°，按 Enter 键，效果如图 5-63 所示。

图 5-63

5.1.4　制作封底内容

（1）选择"选择"工具 ，用圈选的方法将需要的文字同时选取，按数字键盘上的+键，复制文字，效果如图 5-64 所示。

图 5-64

（2）选择"文本"工具 ，在适当的位置拖曳文本框，输入需要的文字并选取文字，在属性栏中选取适当的字体并设置文字大小，填充文字为白色，效果如图 5-65 所示。在"文本属性"泊坞窗中，选项的设置如图 5-66 所示，按 Enter 键，效果如图 5-67 所示。

图 5-65

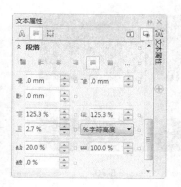

图 5-66

图 5-67

（3）保持文字的选取状态，按 F12 键，弹出"轮廓笔"对话框，选项的设置如图 5-68 所示，单击"确定"按钮，效果如图 5-69 所示。

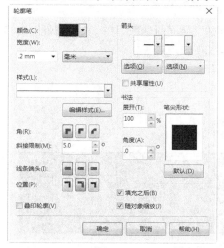

图 5-68

图 5-69

（4）选择"矩形"工具 □，绘制一个矩形。设置图形颜色的 CMYK 值为 38、0、40、0，填充图形，并去除图形的轮廓线，效果如图 5-70 所示。选择"透明度"工具 ，在属性栏单击"均匀透明度"按钮 ，其他选项的设置如图 5-71 所示，按 Enter 键，效果如图 5-72 所示。

（5）选择"文本"工具 字，在矩形中分别输入需要的文字，选择"选择"工具 ，在属性栏中分别选取适当的字体并设置文字大小，效果如图 5-73 所示。

图 5-70

图 5-71

图 5-72

图 5-73

（6）选择"选择"工具 ，按住 Shift 键的同时，将需要的文字同时选取。在"文本属性"泊坞窗中，选项的设置如图 5-74 所示，按 Enter 键，效果如图 5-75 所示。

图 5-74

图 5-75

（7）选择"文本"工具 ，在适当的位置分别输入需要的文字，选择"选择"工具 ，在属性栏中分别选取适当的字体并设置文字大小，填充为白色，效果如图 5-76 所示。

图 5-76

（8）选择"选择"工具 ，将需要的文字选取。在"文本属性"泊坞窗中，选项的设置如图 5-77 所示，按 Enter 键，效果如图 5-78 所示。

图 5-77

图 5-78

（9）选择"选择"工具 ，将需要的文字选取。在"文本属性"泊坞窗中，选项的设置如图 5-79 所示，按 Enter 键，效果如图 5-80 所示。

图 5-79

图 5-80

（10）按 Ctrl+I 组合键，弹出"导入"对话框，打开光盘中的"Ch05 > 素材 > 瑜伽养生唱片封面设计 > 02"文件，单击"导入"按钮，在页面中单击导入图片，拖曳到适当的位置，效果如图 5-81 所示。

（11）保持图形的选取状态，单击属性栏中的"取消组合对象"按钮 ，取消图形的群组。选择"对象 > 锁定 > 对所有对象解锁"命令，解锁对象。按 Delete 键，删除不需要的图像，效果如图 5-82 所示。

图 5-81

图 5-82

（12）选择"对象 > 插入条码"命令，弹出"条码向导"对话框，在各选项中按要求进行设置，如图 5-83 所示。设置好后，单击"下一步"按钮，在设置区内按要求进行设置，如图 5-84 所示。设

置好后，单击"下一步"按钮，在设置区内按要求进行各项设置，如图 5-85 所示。设置好后，单击
"完成"按钮，将其拖曳到适当的位置，效果如图 5-86 所示。

图 5-83

图 5-84

图 5-85

图 5-86

5.1.5　制作脊内容

（1）选择"文本"工具 ，在适当的位置分别输入需要的文字，选择"选择"工具 ，在属性
栏中分别选取适当的字体并设置文字大小，填充为白色，效果如图 5-87 所示。将输入的文字同时选
取，单击属性栏中的"将文本更改为垂直方向"按钮 ，垂直排列文字，效果如图 5-88 所示。

图 5-87　　　　　　　　　　图 5-88

（2）选择"选择"工具 ，将需要的文字选取。在"文本属性"泊坞窗中，选项的设置如图 5-89 所示，按 Enter 键，效果如图 5-90 所示。

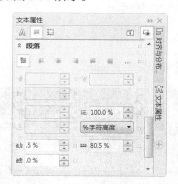

图 5-89　　　　　　　　　　图 5-90

（3）选择"选择"工具 ，用圈选的方法将需要的文字同时选取，按数字键盘上的+键，复制文字，将其拖曳到适当的位置，并调整其大小，效果如图 5-91 所示。瑜伽养生唱片封面设计完成，效果如图 5-92 所示。

图 5-91　　　　　　　　　　图 5-92

（4）按 Ctrl+S 组合键，弹出"保存图形"对话框，将制作好的图像命名为"瑜伽养生唱片封面"，保存为 CDR 格式，单击"保存"按钮，将图像保存。

5.2　课后习题——钢琴唱片封面设计

习题知识要点

在 Photoshop 中使用新建参考线命令分割页面，使用矩形工具绘制形状图形，使用图层面板的不透明度制作纹理效果；使用创建剪贴蒙版命令制作图片的剪贴蒙版效果，使用色相/饱和度调整层调整背景效果。在 CorelDRAW 中使用文本工具和文本属性面板添加内容文字；使用矩形工具绘制文字底图，使用条形码命令添加唱片条形码，使用"将文本更改为垂直方向"按钮制作垂直排列文字。钢琴唱片封面设计效果如图 5-93 所示。

效果所在位置

光盘/Ch05/效果/钢琴唱片封面设计/钢琴唱片封面.cdr。

图 5-93

第 6 章　室内平面图设计

室内平面图反映了居室的布局和各房间的面积及功能。通过对室内平面图的设计，我们可以对居室空间和家具摆设进行具体描绘，初步设计出居室的生活格局。本章以室内平面图设计为例，讲解室内平面图的设计方法和制作技巧。

课堂学习目标	/ 在Photoshop软件中制作底图
	/ 在CorelDRAW软件中制作平面图和其他相关信息

6.1　室内平面图设计

📋 案例学习目标

学习在 Photoshop 中绘制路径和改变图片的颜色制作底图。在 CorelDRAW 中使用图形的绘制工具和填充工具制作室内平面图，使用标注工具和文本工具标注平面图并添加相关信息。

📋 案例知识要点

在 Photoshop 中，使用钢笔工具和图层样式命令绘制并编辑路径，使用色阶命令调整图片的颜色。在 CorelDRAW 中使用文本工具和形状工具制作标题文字，使用矩形工具绘制墙体，使用椭圆形工具、图纸工具和矩形工具绘制门和窗，使用矩形工具、形状工具和贝塞尔工具绘制地板和床，使用矩形工具和贝塞尔工具绘制地毯、沙发及其他家具，使用标注工具标注平面图。室内平面图设计效果如图 6-1 所示。

📋 效果所在位置

光盘/Ch06/效果/室内平面图设计/室内平面图.cdr。

Photoshop 应用

6.1.1　绘制封面底图

（1）按 Ctrl + N 组合键，新建一个文件：宽度为 21.6cm，高度为 29.1cm，分辨率为 150 像素/英寸，颜色模式为 RGB，背景内容为白色。选择"视图 > 新建参考线"命令，在弹出的对话框中进行设置，如图 6-2 所示，单击"确定"按钮，效果如图 6-3 所示。用相同的方法在 28.8cm 处新建参考线，如图 6-4 所示。

图 6-1

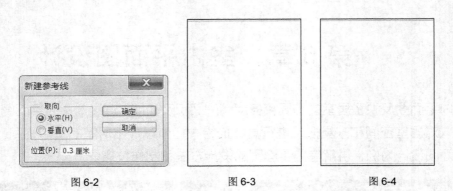

图 6-2　　　　　　　　　　图 6-3　　　　　　　　　　图 6-4

（2）选择"视图 > 新建参考线"命令，在弹出的对话框中进行设置，如图 6-5 所示，单击"确定"按钮，效果如图 6-6 所示。用相同的方法在 21.3cm 处新建参考线，如图 6-7 所示。

（3）将前景色设为棕色（其 R、G、B 的值分别为 83、0、0）。按 Alt+Delete 组合键，用前景色填充"背景"图层。将前景色设为白色。选择"矩形"工具 ，在属性栏的"选择工具模式"选项中选择"形状"，在图像窗口中绘制矩形，如图 6-8 所示，在"图层"控制面板中生成"矩形 1"。

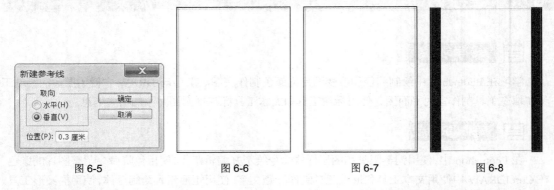

图 6-5　　　　　　　　图 6-6　　　　　　　　图 6-7　　　　　　　　图 6-8

（4）按 Ctrl + O 组合键，打开光盘中的"Ch06 > 素材 > 室内平面图设计 > 01"文件，选择"移动"工具 ，将图片拖曳到图像窗口中适当的位置，如图 6-9 所示。在"图层"控制面板中生成新的图层并将其命名为"画轴"。按 Ctrl+Alt+G 组合键，创建剪贴蒙版，效果如图 6-10 所示。

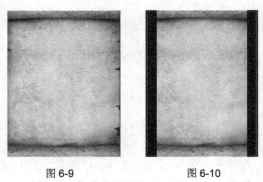

图 6-9　　　　　　　图 6-10

（5）将前景色设为棕色（其 R、G、B 的值分别为 83、0、0）。选择"矩形"工具 ，在图像窗口下方绘制矩形，如图 6-11 所示，在"图层"控制面板中生成"矩形 2"。

（6）按 Ctrl + O 组合键，打开光盘中的"Ch06 > 素材 > 室内平面图设计 > 02"文件，选择"移动"工具 ，将图片拖曳到图像窗口中适当的位置，如图 6-12 所示。在"图层"控制面板中生成新的图层并将其命名为"楼房"。

图 6-11　　　　　　　　图 6-12

（7）在"图层"控制面板下方单击"添加图层蒙版"按钮 回，为图层添加蒙版，如图 6-13 所示。将前景色设为黑色。选择"画笔"工具 ，单击"画笔"选项右侧的按钮 ·，在弹出的面板中选择需要的画笔形状，并设置适当的画笔大小，如图 6-14 所示。在属性栏中将"不透明度"和"流量"选项均设为 60%，在图像窗口中擦除不需要的图像，效果如图 6-15 所示。

 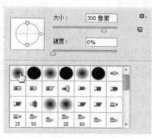 

图 6-13　　　　　　　图 6-14　　　　　　　图 6-15

（8）按 Ctrl + O 组合键，打开光盘中的"Ch06 > 素材 > 室内平面图设计 > 04、05"文件，选择"移动"工具 ，将图片拖曳到图像窗口中适当的位置，如图 6-16、图 6-17 所示。在"图层"控制面板中生成新的图层并分别将其命名为"树"和"画轴 2"。

图 6-16　　　　　　　　图 6-17

（9）室内平面图底图制作完成。按 Ctrl+Shift+E 组合键，合并可见图层。按 Ctrl+S 组合键，弹出"存储为"对话框，将其命名为"室内平面图底图"，并保存为 TIFF 格式。单击"保存"按钮，弹出"TIFF 选项"对话框，单击"确定"按钮，将图像保存。

CorelDRAW 应用

6.1.2 添加并制作标题文字

（1）打开 CorelDRAW 软件，按 Ctrl+N 组合键，新建一个页面。在属性栏的"页面度量"选项中分别设置宽度为 210mm，高度为 285mm，按 Enter 键，页面显示为设置的大小，如图 6-18 所示。选择"视图 ＞ 页 ＞ 出血"命令，在页面周围显示出血，如图 6-19 所示。

图 6-18   图 6-19

（2）按 Ctrl+J 组合键，弹出"选项"对话框，选择"辅助线/水平"选项，在"文字框"中设置数值为 0，如图 6-20 所示，单击"添加"按钮，在页面中添加一条水平辅助线。用相同的方法在 285mm 处添加 1 条水平辅助线，单击"确定"按钮，效果如图 6-21 所示。

图 6-20   图 6-21

（3）按 Ctrl+J 组合键，弹出"选项"对话框，选择"辅助线/垂直"选项，在"文字框"中设置数值为 0，如图 6-22 所示，单击"添加"按钮，在页面中添加一条垂直辅助线。用相同的方法在 210mm 处添加 1 条垂直辅助线，单击"确定"按钮，效果如图 6-23 所示。

（4）按 Ctrl+I 组合键，弹出"导入"对话框，打开光盘中的"Ch04 ＞ 素材 ＞ 室内平面图设计 ＞ 室内平面图底图"文件，单击"导入"按钮，在页面中单击导入图片，如图 6-24 所示。按 P 键，图片居中对齐页面，效果如图 6-25 所示。

图 6-22   图 6-23

图 6-24    图 6-25

（5）选择"文本"工具 ，在页面中输入需要的文字。选择"选择"工具 ，在属性栏中选择合适的字体并设置文字大小，效果如图 6-26 所示。再次单击文字，使其处于旋转状态，向右拖曳文字上方中间的控制手柄，松开鼠标左键，使文字倾斜，效果如图 6-27 所示。

图 6-26    图 6-27

（6）选择"选择"工具 ，选取文字，按 Ctrl+K 组合键，将文字拆分，分别选取需要的文字并将其拖曳到适当的位置，效果如图 6-28 所示。选取"新"字，按 Ctrl+Q 组合键，将文字转换为曲线，如图 6-29 所示。

图 6-28    图 6-29

（7）选择"形状"工具 ，按住 Shift 键的同时，选取需要的节点，如图 6-30 所示，向左拖曳到适当的位置，如图 6-31 所示。使用相同的方法将右侧的节点拖曳到适当的位置，效果如图 6-32 所示。

新 新 新居

图 6-30    图 6-31    图 6-32

（8）按 Ctrl+Q 组合键，分别将其他文字转换为曲线，拖曳"光"字右侧的节点到适当的位置，效果如图 6-33 所示。选择"选择"工具 ，选取"阳"字。选择"形状"工具 ，用圈选的方法选取需要的节点，按 Delete 键，将其删除，效果如图 6-34 所示。

新居阳光 新居阝 光

图 6-33    图 6-34

（9）选择"贝塞尔"工具 ，在适当的位置绘制一条曲线，如图 6-35 所示。选择"艺术笔"工具 ，在"笔触列表"选项的下拉列表中选择需要的笔触 ，其他选项的设置如图 6-36 所示，按 Enter 键，效果如图 6-37 所示。

（10）选择"选择"工具 ，选取笔触图形，设置填充颜色的 CMYK 值为 0、0、100、0，填充文字，效果如图 6-38 所示。选择"椭圆形"工具 ，按住 Ctrl 键的同时，绘制圆形。设置填充颜色的 CMYK 值为 0、0、100、0，填充图形，并去除图形的轮廓线，效果如图 6-39 所示。选择"选择"工具 ，选取需要的图形文字，设置填充颜色的 CMYK 值为 94、51、95、23，填充图形文字，效果如图 6-40 所示。

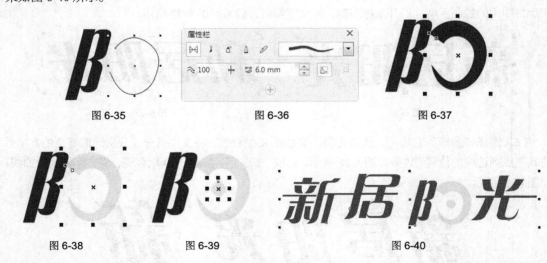

图 6-35   图 6-36   图 6-37

图 6-38   图 6-39   图 6-40

（11）选择"文本"工具 ，分别在页面中输入需要的文字。选择"选择"工具 ，在属性栏中分别选择合适的字体并设置文字大小，效果如图 6-41 所示。分别选取文字，填充适当的颜色，效果如图 6-42 所示。

图 6-41　　　　　　　　　　　　　　　图 6-42

（12）选择"选择"工具，用圈选的方法将制作的文字同时选取，拖曳到适当的位置，效果如图 6-43 所示。选择"文本"工具，在页面中输入需要的文字。选择"选择"工具，在属性栏中选择合适的字体并设置文字大小，设置填充颜色的 CMYK 值为 94、51、95、23，填充文字，效果如图 6-44 所示。

图 6-43　　　　　　　　　　　　　图 6-44

（13）保持文字的选取状态。按 Alt+Enter 组合键，弹出"对象属性"泊坞窗，单击"段落"按钮，弹出相应的泊坞窗，选项的设置如图 6-45 所示，按 Enter 键，文字效果如图 6-46 所示。

图 6-45　　　　　　　　　　　　　图 6-46

6.1.3　绘制墙体图形

（1）选择"矩形"工具，绘制一个矩形，如图 6-47 所示。再绘制一个矩形，如图 6-48 所示。选择"选择"工具，将两个矩形同时选取，按数字键盘上的+键，复制矩形，单击属性栏中的"水平镜像"按钮和"垂直镜像"按钮，水平垂直翻转复制的矩形，效果如图 6-49 所示。

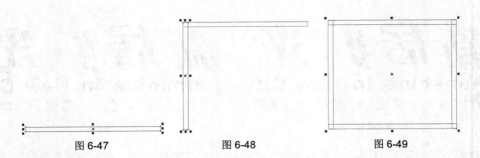

图 6-47　　　　　　　图 6-48　　　　　　　图 6-49

（2）选择"选择"工具 ，将矩形全部选取，单击属性栏中的"合并"按钮 ，将矩形合并为一个图形，效果如图 6-50 所示，填充图形为黑色。使用相同的方法再绘制一个矩形，填充为黑色，如图 6-51 所示。将矩形和合并图形同时选取，再合并在一起，效果如图 6-52 所示。

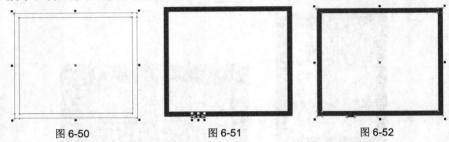

图 6-50　　　　　　　图 6-51　　　　　　　图 6-52

（3）选择"矩形"工具 ，在适当的位置绘制 4 个矩形，如图 6-53 所示。选择"选择"工具 ，将矩形和黑色框同时选取，单击属性栏中的"移除前面对象"按钮 ，剪切后的效果如图 6-54 所示。

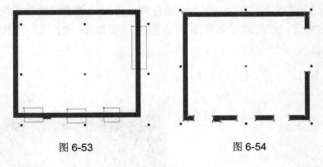

图 6-53　　　　　　　　图 6-54

（4）选择"矩形"工具 ，在适当的位置绘制 3 个矩形，如图 6-55 所示。选择"选择"工具 ，将矩形和外框同时选取，单击属性栏中的"合并"按钮 ，将其合并为一个图形，效果如图 6-56 所示。

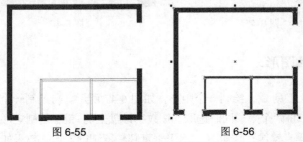

图 6-55　　　　　　　　图 6-56

（5）选择"矩形"工具 ，在适当的位置绘制两个矩形，如图 6-57 所示。选择"选择"工具 ，将矩形和黑色框同时选取,单击属性栏中的"移除前面对象"按钮 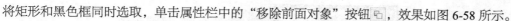,效果如图 6-58 所示。

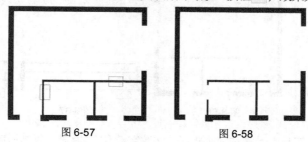

图 6-57   图 6-58

6.1.4 制作门和窗户图形

（1）选择"椭圆形"工具 ○,单击属性栏中的"饼图"按钮 ⊙,在属性栏中进行设置,如图 6-59 所示,从左上方向右下方拖曳鼠标到适当的位置,绘制出的饼图效果如图 6-60 所示。设置图形填充色的 CMYK 值为 3、3、56、0,填充图形。在属性栏中的"旋转角度" ⊙ .0 框中设置数值为 90,"轮廓宽度" ⌂ .2 mm 框中设置数值为 0.176,按 Enter 键,效果如图 6-61 所示。

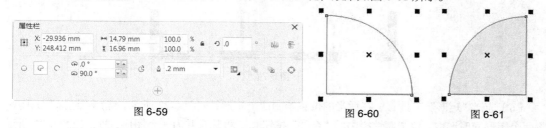

图 6-59   图 6-60   图 6-61

（2）选择"矩形"工具 □,在适当的位置绘制一个矩形,设置图形填充色的 CMYK 值为 2、2、10、0,填充图形,并设置适当的轮廓宽度,效果如图 6-62 所示。选择"选择"工具 ▷,将饼图和矩形同时选取并拖曳到适当的位置,效果如图 6-63 所示。使用相同的方法绘制多个矩形,并填充相同的颜色和轮廓宽度,效果如图 6-64 所示。

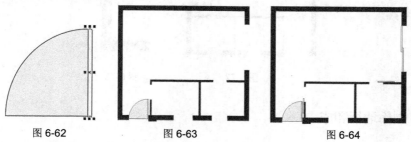

图 6-62   图 6-63   图 6-64

（3）选择"图纸"工具 ▣,在属性栏中的设置如图 6-65 所示,在页面中适当的位置绘制网格图形,如图 6-66 所示。

（4）选择"选择"工具 ▷,按 Ctrl+Q 组合键,将网格转化为曲线。选取最上方的矩形,在属性栏中的"轮廓宽度" ⌂ .2 mm 框中设置数值为 0.18,按 Enter 键,效果如图 6-67 所示。使用相同的方法设置其他矩形的轮廓宽度,效果如图 6-68 所示。

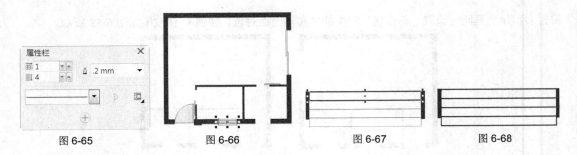

图 6-65　　　　　　　　图 6-66　　　　　　　　图 6-67　　　　　　　　图 6-68

（5）选择"选择"工具 ，选取 4 个矩形，按数字键盘上的+键，复制矩形，并将其拖曳到适当的位置，调整其大小，效果如图 6-69 所示。选取最下方的矩形，将其复制并拖曳到适当的位置，效果如图 6-70 所示。使用相同的方法再复制一个矩形，效果如图 6-71 所示。

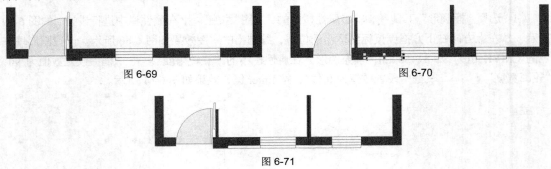

图 6-69　　　　　　　　　　　　　　　　　　图 6-70

图 6-71

（6）选择"矩形"工具 ，在适当的位置绘制两个矩形，如图 6-72 所示。选择"选择"工具 ，将两个矩形同时选取，单击属性栏中的"合并"按钮 ，将其合并为一个图形，效果如图 6-73 所示。

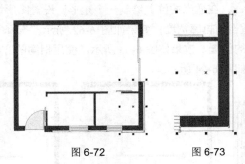

图 6-72　　　　　　　　图 6-73

6.1.5　制作地板和床

（1）选择"矩形"工具 ，在适当的位置绘制一个矩形，如图 6-74 所示。按 F11 键，弹出"编辑填充"对话框，选择"位图图样填充"按钮 ，弹出相应的对话框，单击位图图案右侧的按钮，在弹出的面板中单击"浏览"按钮，弹出"打开"对话框，选择光盘中的"Ch06 > 素材 > 室内平面图设计 >06"文件，如图 6-75 所示，单击"打开"按钮。返回"位图图样填充"对话框。将"宽度"和"高度"选项均设为 34.5mm，其他选项的设置如图 6-76 所示，单击"确定"按钮，位图填充效果如图 6-77 所示。

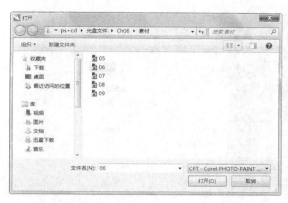

图 6-74   图 6-75

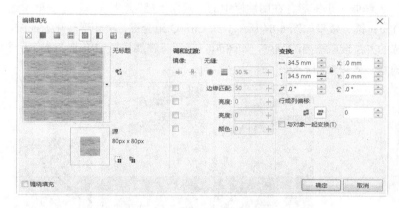

图 6-76   图 6-77

（2）连续按 Ctrl+PageDown 组合键，将其置后到黑色框的下方，效果如图 6-78 所示。选择"矩形"工具 □，在适当的位置绘制一个矩形，设置图形填充色的 CMYK 值为 2、2、10、0，填充图形。在属性栏中的"轮廓宽度"□.2 mm ▾ 框中设置数值为 0.18，按 Enter 键，效果如图 6-79 所示。选择"矩形"工具 □，再绘制一个矩形，如图 6-80 所示。

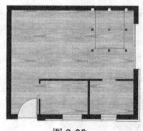

图 6-78   图 6-79   图 6-80

（3）保持矩形的选取状态。按 F11 键，弹出"编辑填充"对话框，选择"位图图样填充"按钮 ▦，弹出相应的对话框，单击位图图案右侧的按钮，在弹出的面板中单击"浏览"按钮，弹出"打开"对话框，选择光盘中的"Ch06 > 素材 > 室内平面图设计 >05"文件，单击"打开"按钮。返回"位图图样填充"对话框，选项的设置如图 6-81 所示，单击"确定"按钮，位图填充效果如图 6-82 所示。

99

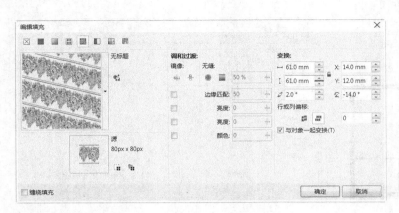

图 6-81   图 6-82

（4）选择"矩形"工具 □，绘制一个矩形，在属性栏中的"圆角半径" 框中进行设置，如图 6-83 所示，按 Enter 键，效果如图 6-84 所示。按 Ctrl+Q 组合键，将矩形转化为曲线。选择"形状"工具 ，用圈选的方法选取需要的节点，如图 6-85 所示。在属性栏中单击"转换为线条"按钮 ，将曲线转换为直线，效果如图 6-86 所示。

图 6-83   图 6-84   图 6-85   图 6-86

（5）选择"形状"工具 ，选取并拖曳需要的节点到适当的位置，效果如图 6-87 所示。在属性栏中的"轮廓宽度" 框中设置数值为 0.18，按 Enter 键，填充与下方的床相同的图案，效果如图 6-88 所示。选择"贝塞尔"工具 ，绘制一个图形，填充与床相同的图案，并设置适当的轮廓宽度，效果如图 6-89 所示。选择"手绘"工具 ，按住 Ctrl 键的同时，绘制一条直线，效果如图 6-90 所示。

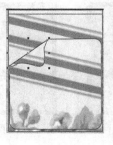

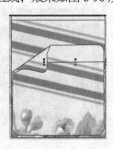

图 6-87   图 6-88   图 6-89   图 6-90

6.1.6　制作枕头和抱枕

（1）选择"矩形"工具 □，绘制一个矩形，在属性栏中的"圆角半径" 框中进行设置，如图 6-91 所示，按 Enter 键，效果如图 6-92 所示。选择"3 点椭圆形"工具 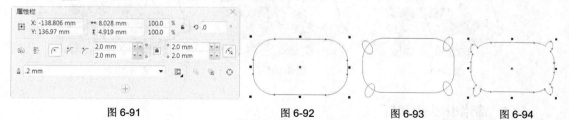，在适当的位置绘制 4 个椭圆形，如图 6-93 所示。选择"选择"工具 ，选取绘制的图形，单击属性栏中的"合并"按钮 ，将其合并为一个图形，效果如图 6-94 所示。

| 图 6-91 | 图 6-92 | 图 6-93 | 图 6-94 |

（2）保持矩形的选取状态。按 F11 键，弹出"编辑填充"对话框，选择"位图图样填充"按钮 ，弹出相应的对话框，选项的设置如图 6-95 所示，单击"确定"按钮，位图填充效果如图 6-96 所示。

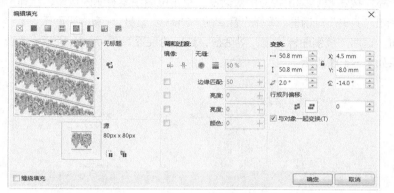
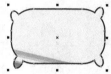

图 6-95　　　　　　　　　　　　　　　　　　　图 6-96

（3）选择"选择"工具 ，选取需要的图形并将其拖曳到适当的位置，如图 6-97 所示。按数字键盘上的+键，复制图形并将其拖曳到适当的位置，效果如图 6-98 所示。使用相同的方法再复制两个图形，分别将其拖曳到适当的位置，调整大小并将其旋转到适当的角度，然后取消左侧图形的填充，效果如图 6-99 所示。

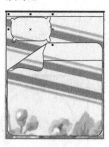

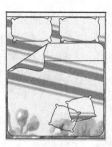

| 图 6-97 | 图 6-98 | 图 6-99 |

（4）选择"贝塞尔"工具 ，绘制多条直线，在属性栏中的"轮廓宽度"框中设置数值为 0.18，按 Enter 键，效果如图 6-100 所示。选择"椭圆形"工具 ，在适当的位置绘制一个圆形，设置图形填充色的 CMYK 值为 2、2、10、0，填充图形，然后在属性栏中的"轮廓宽度"框中设置数值为 0.18，按 Enter 键，效果如图 6-101 所示。使用相同的方法制作出右侧的图形，效果如图 6-102 所示。

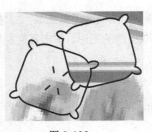
图 6-100

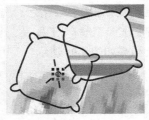
图 6-101

图 6-102

6.1.7　制作床头柜和灯

（1）选择"矩形"工具 □，绘制一个矩形，如图 6-103 所示。按 F11 键，弹出"编辑填充"对话框，选择"位图图样填充"按钮 ▨，弹出相应的对话框，单击位图图案右侧的按钮，在弹出的面板中单击"浏览"按钮，弹出"打开"对话框，选择光盘中的"Ch06 > 素材 > 室内平面图设计 > 07"文件，单击"打开"按钮。返回"位图图样填充"对话框，选项的设置如图 6-104 所示，单击"确定"按钮，位图填充效果如图 6-105 所示。

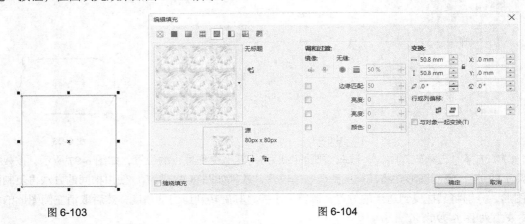
图 6-103　　　　　　　　　　　　　　　　　　　　图 6-104

（2）在属性栏中的"轮廓宽度" ⌀ .2 mm ▾ 框中设置数值为 0.18，按 Enter 键，效果如图 6-106 所示。选择"椭圆形"工具 ○，在适当的位置绘制一个圆形，并在属性栏中的"轮廓宽度" ⌀ .2 mm ▾ 框中设置数值为 0.18，如图 6-107 所示。

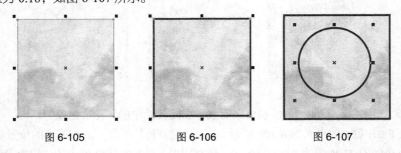
图 6-105　　　　　　　图 6-106　　　　　　　图 6-107

（3）选择"手绘"工具 ⚘，按住 Ctrl 键的同时，绘制一条直线，设置适当的轮廓宽度，效果如图 6-108 所示。选择"选择"工具 ▨，按数字键盘上的+键，复制直线，并再次单击直线，使其处于旋转状态。拖曳旋转中心到适当的位置，如图 6-109 所示，然后拖曳鼠标将其旋转到适当的角度，如图 6-110 所示。按住 Ctrl 键的同时连续按 D 键，复制出多条直线，效果如图 6-111 所示。

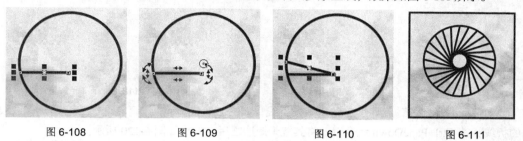

图 6-108　　　　　图 6-109　　　　　图 6-110　　　　　图 6-111

（4）选择"选择"工具 ，选取需要的图形，按 Ctrl+G 组合键，将其群组，如图 6-112 所示。将群组图形拖曳到适当的位置，如图 6-113 所示。按数字键盘上的+键，复制图形并将其拖曳到适当的位置，按 Ctrl+Shift+G 组合键，取消群组图形，调整下方图形的大小，效果如图 6-114 所示。

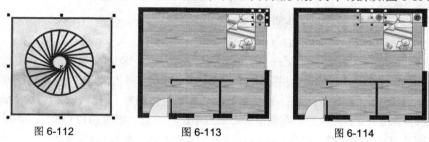

图 6-112　　　　　　图 6-113　　　　　　图 6-114

6.1.8　制作地毯和沙发图形

（1）选择"矩形"工具 ，绘制一个矩形，如图 6-115 所示。按 F11 键，弹出"编辑填充"对话框，选择"底纹填充"按钮 ，弹出相应的对话框，选择需要的样本和底纹图案，如图 6-116 所示。单击"变换"按钮，在弹出的对话框中进行设置，如图 6-117 所示，单击"确定"按钮。返回"编辑填充"对话框，单击"确定"按钮，填充效果如图 6-118 所示。

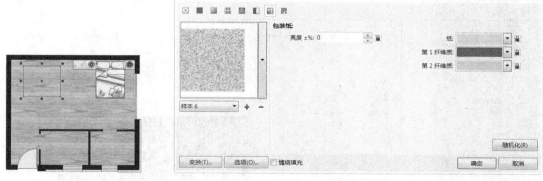

图 6-115　　　　　　　　　　　　　图 6-116

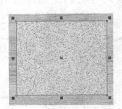

图 6-117　　　　　　　　　　　　　图 6-118

（2）选择"贝塞尔"工具，绘制多条折线，如图 6-119 所示。选择"选择"工具，选取绘制的折线，按 Ctrl+PageDown 组合键，将其置于矩形之后，效果如图 6-120 所示。

图 6-119　　　　　　　　　　图 6-120

（3）选择"矩形"工具，绘制一个矩形，在属性栏中的"圆角半径" 框中设置数值为 0.7mm，按 Enter 键，效果如图 6-121 所示。按 F11 键，弹出"编辑填充"对话框，选择"底纹填充"按钮，弹出相应的对话框，选择需要的样本和底纹图案，将两个颜色设为 CMYK 色，如图 6-122 所示。单击"变换"按钮，在弹出的对话框中进行设置，如图 6-123 所示，单击"确定"按钮。返回"底纹填充"对话框，单击"确定"按钮，填充效果如图 6-124 所示。

图 6-121

图 6-122

图 6-123

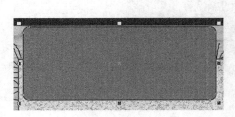

图 6-124

（4）选择"矩形"工具 □，绘制一个矩形，在属性栏中的"圆角半径" ⊞ 框中进行设置，如图 6-125 所示，按 Enter 键，效果如图 6-126 所示。

图 6-125　　　　　　　　　　　　　　　　　图 6-126

（5）选择"选择"工具 ▷，选取矩形，在属性栏中的"轮廓宽度" ⊞ .2 mm 框中设置数值为0.18，按 Enter 键，效果如图 6-127 所示。使用相同的方法再绘制两个图形，如图 6-128 所示。

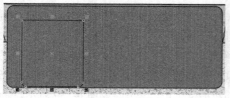

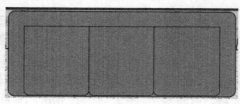

图 6-127　　　　　　　　　　　　　　　　　图 6-128

（6）选取右侧的图形，在属性栏中将矩形右上方的"圆角半径" ⊞ 框中的数值设为0.5，按 Enter 键，效果如图 6-129 所示。选择"椭圆形"工具 ○，按住 Ctrl 键的同时，拖曳鼠标，绘制一个圆形，如图 6-130 所示。

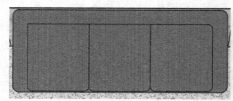

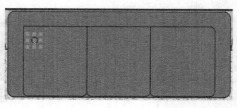

图 6-129　　　　　　　　　　　　　　　　　图 6-130

（7）选择"选择"工具 ▷，按住 Ctrl 键的同时，垂直向下拖曳圆形，并在适当的位置上单击鼠标右键，复制出一个新的圆形，效果如图 6-131 所示。按住 Ctrl 键的同时连续按 D 键，复制出多个圆形，效果如图 6-132 所示。

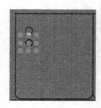　　

图 6-131　　　　图 6-132

（8）选择"选择"工具 ▷，选取需要的圆形，按住 Ctrl 键的同时水平向右拖曳图形，并在适当的位置上单击鼠标右键，复制一个新的图形。按住 Ctrl 键的同时连续按 D 键，复制出多个圆形，效果如图 6-133 所示。使用相同的方法复制多个圆形，效果如图 6-134 所示。使用相同的方法再制作出两个沙发图形，效果如图 6-135 所示。

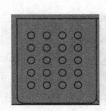

图 6-133

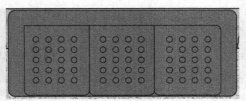

图 6-134

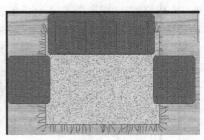

图 6-135

6.1.9　制作盆栽和茶几

（1）选择"矩形"工具 ▢，绘制一个矩形。在属性栏中的"轮廓宽度" ▢ .2 mm ▾ 框中设置数值为 0.18，按 Enter 键，如图 6-136 所示。按 F11 键，弹出"编辑填充"对话框，选择"底纹填充"按钮 ▦，弹出相应的对话框，选择需要的样本和底纹图案，单击"色调"选项右侧的按钮，在弹出的菜单中选择"更多"按钮，弹出"选择颜色"对话框，选项的设置如图 6-137 所示，单击"确定"按钮，如图 6-138 所示。单击"变换"按钮，在弹出的对话框中进行设置，如图 6-139 所示，单击"确定"按钮。返回"底纹填充"对话框，单击"确定"按钮，填充效果如图 6-140 所示。

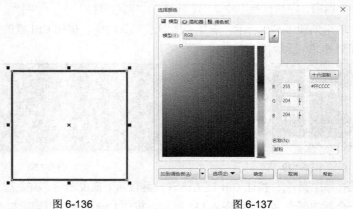

图 6-136　　　　　　　　　　图 6-137

图 6-138

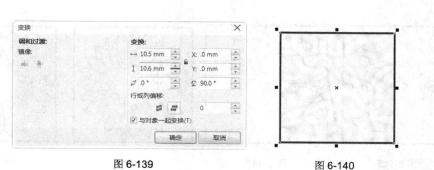

图 6-139　　　　　　　　　　　　　　图 6-140

（2）选择"贝塞尔"工具 ，在矩形中绘制一个图形。在属性栏中的"轮廓宽度" 框中设置数值为 0.18，按 Enter 键，效果如图 6-141 所示。按 F11 键，弹出"编辑填充"对话框，选择"底纹填充"按钮 ，弹出相应的对话框，选择需要的样本和底纹图案，如图 6-142 所示。单击"变换"按钮，在弹出的对话框中进行设置，如图 6-143 所示，单击"确定"按钮。返回"编辑填充"对话框，单击"确定"按钮，填充效果如图 6-144 所示。

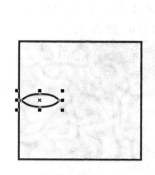

图 6-141

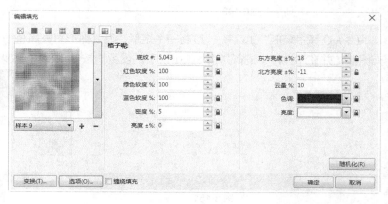

图 6-142

图 6-143

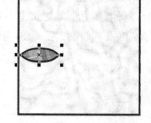

图 6-144

（3）选择"选择"工具 ，按数字键盘上的+键，复制图形，并再次单击图形，使其处于旋转状态，拖曳旋转中心到适当的位置，如图 6-145 所示，然后拖曳鼠标将其旋转到适当的位置，如图 6-146 所示。

（4）按住 Ctrl 键的同时连续按 D 键，复制出多个图形，效果如图 6-147 所示。用圈选的方法选取需要的图形，按 Ctrl+G 组合键，将其群组，如图 6-148 所示。拖曳到适当的位置，如图 6-149 所示。按数字键盘上的+键，复制图形并将其拖曳到适当的位置，效果如图 6-150 所示。

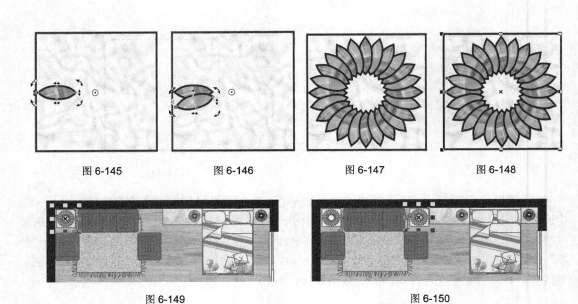

图 6-145　　　　　　　图 6-146　　　　　　　图 6-147　　　　　　　图 6-148

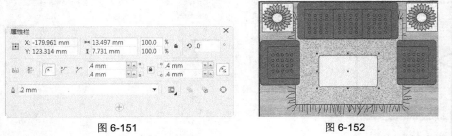

图 6-149　　　　　　　　　　　　　　　图 6-150

（5）选择"矩形"工具 □，绘制一个矩形，设置图形填充颜色的 CMYK 值为 2、2、10、0，填充图形，并在属性栏中进行如图 6-151 所示的设置，按 Enter 键，效果如图 6-152 所示。

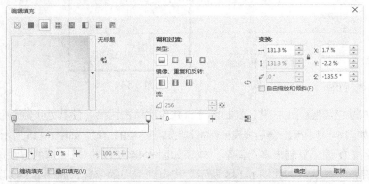

图 6-151　　　　　　　　　　　　　　图 6-152

（6）使用相同的方法再绘制一个圆角矩形。按 F11 键，弹出"编辑填充"对话框，选择"渐变填充"按钮 ■，将"起点"颜色的 CMYK 值设置为 0、0、0、25，"终点"颜色的 CMYK 值设置为 0、0、0、0，其他选项的设置如图 6-153 所示。单击"确定"按钮，填充图形。然后在属性栏中设置适当的轮廓宽度，效果如图 6-154 所示。

图 6-153　　　　　　　　　　　　　　　图 6-154

（7）选择"选择"工具 ，选取需要的图形，按住 Ctrl 键的同时，向下拖曳图形，并在适当的位置上单击鼠标右键，复制一个新的图形，效果如图 6-155 所示。按 Ctrl+Shift+G 组合键，取消图形的群组。选取下方的图形，设置图形填充色的 CMYK 值为 2、18、25、7，填充图形，如图 6-156 所示。选取上方的图形，设置图形填充色的 CMYK 值为 13、2、28、0，填充图形，效果如图 6-157 所示。

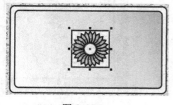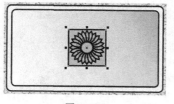

图 6-155　　　　　　　　　　　图 6-156　　　　　　　　　　　图 6-157

（8）选择"贝塞尔"工具 ，在矩形图形中绘制多条直线，如图 6-158 所示。连续按 Ctrl+PageDown 组合键，将其置于红色矩形的下方，效果如图 6-159 所示。

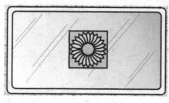

图 6-158　　　　　　　　　　　　　　　　图 6-159

6.1.10　制作桌子和椅子图形

（1）选择"矩形"工具 ，绘制一个矩形，在属性栏中的设置如图 6-160 所示，按 Enter 键，效果如图 6-161 所示。

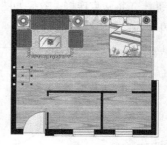

图 6-160　　　　　　　　　　　　　图 6-161

（2）按 F11 键，弹出"编辑填充"对话框，选择"位图图样填充"按钮 ，弹出相应的对话框，单击位图图案右侧的按钮，在弹出的面板中单击"浏览"按钮，弹出"打开"对话框，选择光盘中的"Ch06 > 素材 > 室内平面图设计 > 08"文件，单击"打开"按钮。返回"位图图样填充"对话框，选项的设置如图 6-162 所示，单击"确定"按钮，位图填充效果如图 6-163 所示。

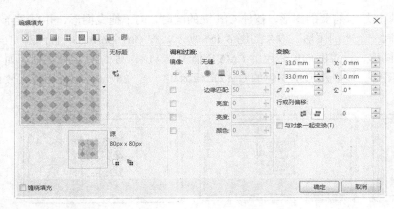

图 6-162　　　　　　　　　　　　　　　　　　　　　　　图 6-163

（3）选择"贝塞尔"工具 ，绘制一条折线，如图 6-164 所示。选择"选择"工具 ，按数字键盘上的+键，复制折线。单击属性栏中的"水平镜像"按钮 ，水平翻转复制的折线，效果如图6-165 所示，然后将其拖曳到适当的位置，效果如图 6-166 所示。单击属性栏中的"合并"按钮 ，将两条折线合并，效果如图 6-167 所示。

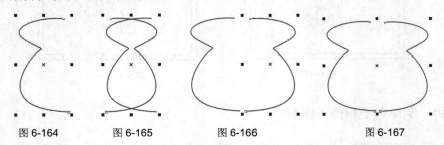

图 6-164　　　　　　图 6-165　　　　　　图 6-166　　　　　　图 6-167

（4）选择"形状"工具 ，选取需要的节点，如图 6-168 所示；然后单击属性栏中的"连接两个节点"按钮 ，将两点连接，效果如图 6-169 所示。使用相同的方法将下方的两个节点连接，效果如图 6-170 所示。

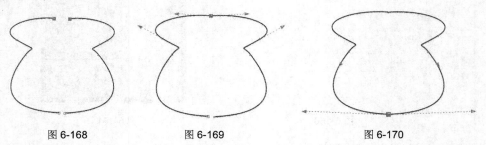

图 6-168　　　　　　　　图 6-169　　　　　　　　图 6-170

（5）按 F11 键，弹出"编辑填充"对话框，选择"位图图样填充"按钮 ，弹出相应的对话框，单击位图图案右侧的按钮，在弹出的面板中单击"浏览"按钮，弹出"打开"对话框，选择光盘中的"Ch06 > 素材 > 室内平面图设计 > 09"文件，单击"打开"按钮。返回"位图图样填充"对话框，选项的设置如图 6-171 所示，单击"确定"按钮，位图填充效果如图 6-172 所示。

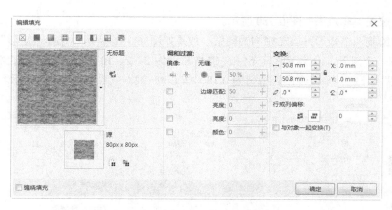

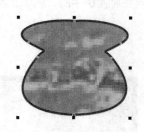

图 6-171　　　　　　　　　　　　　　　　　　　　　　　图 6-172

（6）选择"贝塞尔"工具 ，绘制两条曲线，并填充适当的轮廓宽度，如图 6-173 所示。选择
"选择"工具 ，将绘制的图形同时选取，并拖曳到适当的位置，效果如图 6-174 所示。使用相同的
方法再绘制两个图形，效果如图 6-175 所示。

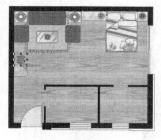
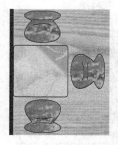

图 6-173　　　　　　　　　　图 6-174　　　　　　　　　　图 6-175

（7）选择"选择"工具 ，选取绘制的椅子图形，按数字键盘上的+键，复制图形，并将其拖曳
到适当的位置，旋转到适当的角度，效果如图 6-176 所示。选取两条曲线，按 Delete 键，将其删除。
选择"3 点矩形"工具 ，绘制两个矩形，并填充与椅子相同的图案，效果如图 6-177 所示。

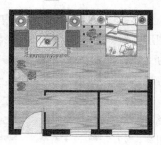
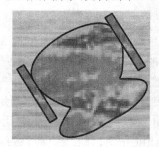

图 6-176　　　　　　　　　　　　　　　　图 6-177

（8）选择"矩形"工具 ，在适当的位置绘制一个矩形，如图 6-178 所示。按 F11 键，弹出"编
辑填充"对话框，选择"位图图样填充"按钮 ，弹出相应的对话框，单击位图图案右侧的按钮，
在弹出的面板中单击"浏览"按钮，弹出"打开"对话框，选择光盘中的"Ch06 > 素材 > 室内平
面图设计 > 07"文件，单击"打开"按钮。返回"位图图样填充"对话框，选项的设置如图 6-179

111

所示，单击"确定"按钮，位图填充效果如图 6-180 所示。

（9）使用相同的方法再绘制两个矩形并填充相同的图案，效果如图 6-181 所示。选择"矩形"工具 ▢，在适当的位置绘制一个矩形，设置图形填充色的 CMYK 值为 2、2、10、0，填充图形，然后在属性栏中的"轮廓宽度" ▢ .2 mm ▾ 框中设置数值为 0.18，按 Enter 键，效果如图 6-182 所示。

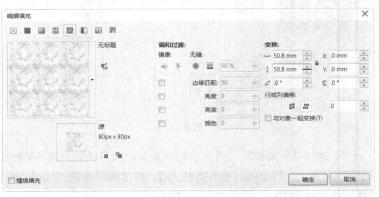

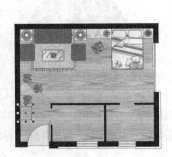

图 6-178   图 6-179

 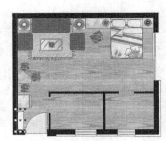

图 6-180   图 6-181   图 6-182

6.1.11 制作阳台

（1）选择"矩形"工具 ▢，在适当的位置绘制一个矩形，设置图形填充色的 CMYK 值为 27、12、30、0，填充图形，然后在属性栏中的"轮廓宽度" ▢ .2 mm ▾ 框中设置数值为 0.18，按 Enter 键，效果如图 6-183 所示。选择"贝塞尔"工具 ，在适当的位置绘制一个图形，如图 6-184 所示。

（2）按 F11 键，弹出"编辑填充"对话框，选择"底纹填充"按钮 ▦，弹出相应的对话框，选择需要的样本和底纹图案，如图 6-185 所示。单击"变换"按钮，在弹出的对话框中进行设置，

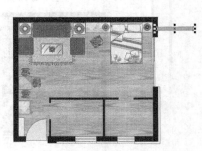

图 6-183

如图 6-186 所示，单击"确定"按钮。返回"底纹填充"对话框，单击"确定"按钮，填充效果如图 6-187 所示。选择"矩形"工具 ▢，在适当的位置绘制 3 个矩形，如图 6-188 所示。选择"选择"工具 ，选取最内侧的矩形，按数字键盘上的+键，复制一个矩形，效果如图 6-189 所示。

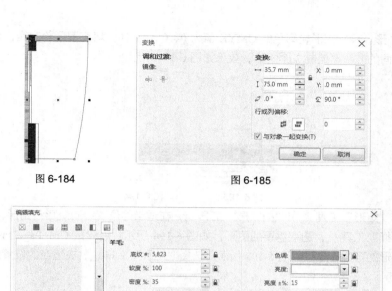

图 6-184　　　　　　　　　　　　图 6-185

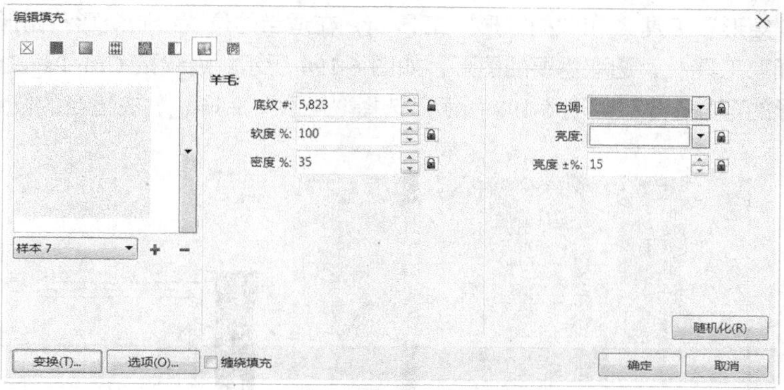

图 6-186

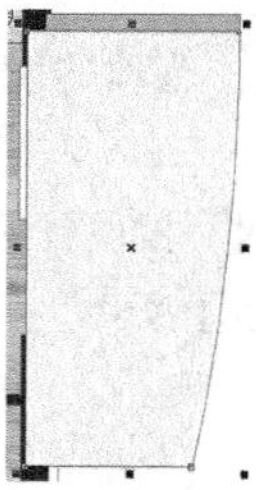

图 6-187 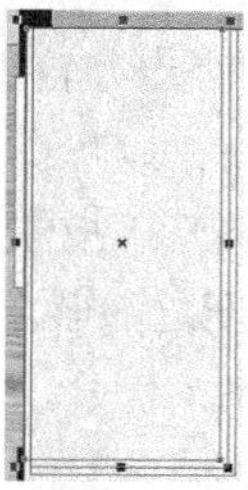　　　　　　　　图 6-188 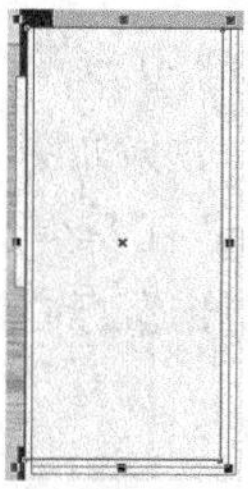　　　　　　　　图 6-189

（3）选择"图纸"工具，在属性栏中的设置如图 6-190 所示，并在页面中适当的位置绘制网格图形，如图 6-191 所示。设置图形填充色的 CMYK 值为 0、0、0、10，填充图形。设置图形轮廓色的 CMYK 值为 0、0、0、37，填充图形轮廓线，效果如图 6-192 所示。

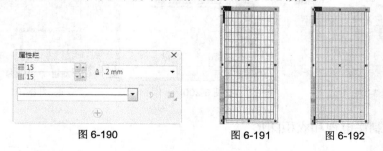

图 6-190　　　　　　　　图 6-191　　　　　　图 6-192

（4）选择"矩形"工具，在适当的位置绘制一个矩形，设置图形填充色的 CMYK 值为 0、0、

113

0、10，填充图形。设置图形轮廓色的 CMYK 值为 0、0、0、20，填充图形轮廓线，效果如图 6-193 所示。使用相同的方法再绘制 3 个矩形，效果如图 6-194 所示。

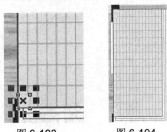

图 6-193   图 6-194

（5）选择"矩形"工具 □ 和"椭圆形"工具 ○，在适当的位置绘制矩形和圆形，如图 6-195 所示。选择"选择"工具 ▶，选取需要的图形，如图 6-196 所示。连续按 Ctrl+PageDown 组合键，将其置于墙体图形的下方，效果如图 6-197 所示。选择"矩形"工具 □，在适当的位置绘制一个矩形，如图 6-198 所示。

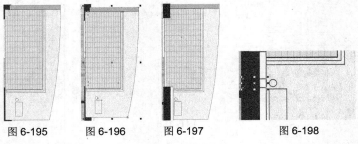

图 6-195   图 6-196   图 6-197   图 6-198

（6）选择"矩形"工具 □，按 F12 键，弹出"轮廓笔"对话框，选项的设置如图 6-199 所示，单击"确定"按钮，效果如图 6-200 所示。

（7）选择"选择"工具 ▶，选取需要的图形，按住 Ctrl 键的同时，按住鼠标左键向下拖曳图形，并在适当的位置上单击鼠标右键，复制一个新的图形，效果如图 6-201 所示。

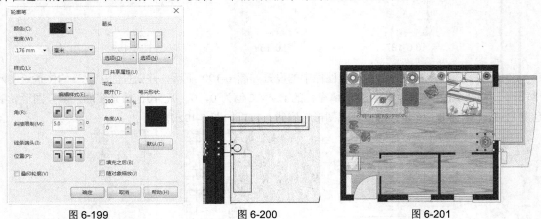

图 6-199   图 6-200   图 6-201

6.1.12 制作电视和衣柜图形

（1）选择"矩形"工具 □，绘制一个矩形，在属性栏中的设置如图 6-202 所示，按 Enter 键，效果如图 6-203 所示。

图 6-202

图 6-203

（2）按 F11 键，弹出"编辑填充"对话框，选择"渐变填充"按钮，将"起点"颜色的 CMYK 值设置为 2、0、0、8，"终点"颜色的 CMYK 值设置为 2、20、28、8，其他选项的设置如图 6-204 所示。单击"确定"按钮，填充图形，并设置适当的轮廓宽度，效果如图 6-205 所示。

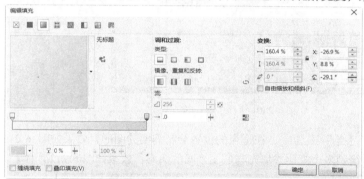

图 6-204

图 6-205

（3）选择"矩形"工具，绘制一个矩形。按 F11 键，弹出"编辑填充"对话框，选择"渐变填充"按钮，将"起点"颜色的 CMYK 值设置为 2、2、0、36，"终点"颜色的 CMYK 值设置为 0、0、0、0，其他选项的设置如图 6-206 所示。单击"确定"按钮，填充图形，并设置适当的轮廓宽度，效果如图 6-207 所示。

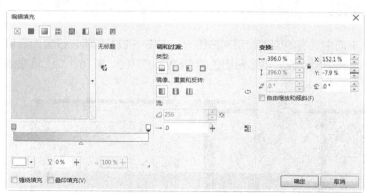

图 6-206

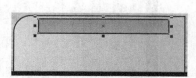

图 6-207

（4）选择"矩形"工具和"贝塞尔"工具，绘制两个图形，并填充适当的渐变色，效果如

图 6-208 所示。选择"矩形"工具 □，绘制一个矩形。按 F11 键，弹出"编辑填充"对话框，选择"位图图样填充"按钮 ▦，弹出相应的对话框，选项的设置如图 6-209 所示，单击"确定"按钮，位图填充效果如图 6-210 所示。

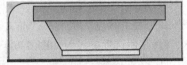

图 6-208   图 6-209

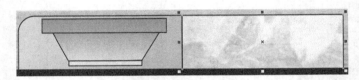

图 6-210

（5）选择"矩形"工具 □ 和"手绘"工具 ⌁，在适当的位置绘制需要的图形，效果如图 6-211 所示。选择"3 点矩形"工具 ⬚，绘制多个矩形并填充与底图相同的图案，效果如图 6-212 所示。

 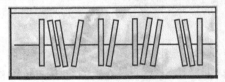

图 6-211   图 6-212

6.1.13　制作厨房的地板和厨具

（1）选择"图纸"工具 ▦，在页面中适当的位置绘制网格图形，如图 6-213 所示。设置图形填充色的 CMYK 值为 11、0、0、0，填充图形；设置图形轮廓色的 CMYK 值为 0、0、0、28，填充图形轮廓线，效果如图 6-214 所示。

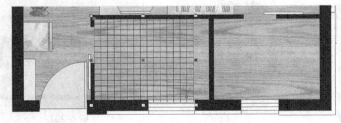 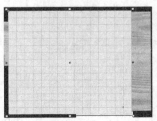

图 6-213   图 6-214

（2）选择"矩形"工具 ，在适当的位置绘制两个矩形，如图 6-215 所示。选择"选择"工具 ，将矩形全部选取，然后单击属性栏中的"合并"按钮 ，将矩形合并为一个图形，并在属性栏中的"轮廓宽度" 框中设置数值为 0.18，按 Enter 键，效果如图 6-216 所示。

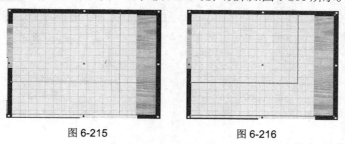

图 6-215　　　　　　　　　　　图 6-216

（3）按 F11 键，弹出"编辑填充"对话框，选择"底纹填充"按钮 ，弹出相应的对话框，选择需要的样本和底纹图案，如图 6-217 所示。单击"变换"按钮，在弹出的对话框中进行设置，如图 6-218 所示，单击"确定"按钮。返回"底纹填充"对话框，单击"确定"按钮，填充效果如图 6-219 所示。

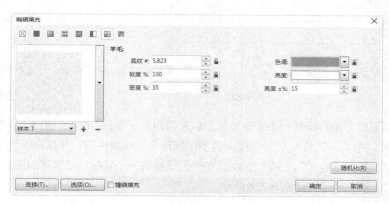

图 6-217

图 6-218

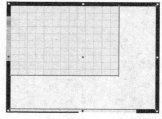

图 6-219

（4）选择"矩形"工具 ，在页面中绘制一个矩形，并在属性栏中进行如图 6-220 所示的设置，按 Enter 键，效果如图 6-221 所示。

（5）按 F11 键，弹出"编辑填充"对话框，选择"渐变填充"按钮 ，将"起点"颜色的 CMYK 值设置为 0、2、0、0，"终点"颜色的 CMYK 值设置为 12、2、10、11，其他选项的设置如图 6-222

所示。单击"确定"按钮，填充图形，并设置适当的轮廓宽度，效果如图 6-223 所示。

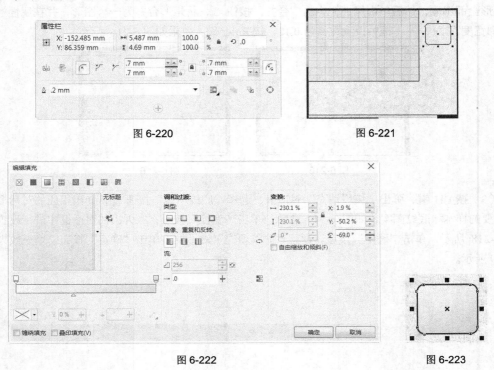

图 6-220　　　　　　　　　　　　　　　　图 6-221

图 6-222　　　　　　　　　　　　　　　　图 6-223

（6）使用相同的方法再绘制一个圆角矩形并填充相同的渐变色，效果如图 6-224 所示。选择"椭圆形"工具 ◦ 和"手绘"工具 ⌇，分别绘制需要的圆形和不规则图形，并填充相同的渐变色，效果如图 6-225 所示。选择"矩形"工具 ▫，在适当的位置绘制一个矩形，设置图形填充色的 CMYK 值为 9、2、10、7，填充图形，如图 6-226 所示。

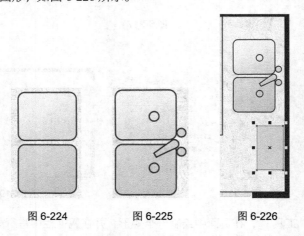

图 6-224　　　　　　图 6-225　　　　　　图 6-226

（7）按 F12 键，弹出"轮廓笔"对话框，选项的设置如图 6-227 所示，单击"确定"按钮，效果如图 6-228 所示。选择"手绘"工具 ⌇，绘制两条直线，并设置相同的轮廓样式和轮廓宽度，效果如图 6-229 所示。

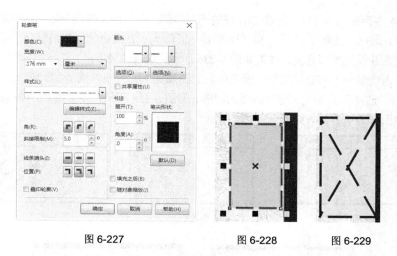

图 6-227　　　　　　　图 6-228　　　　图 6-229

（8）选择"矩形"工具 □，在适当的位置绘制一个矩形。设置图形填充色的 CMYK 值为 7、2、10、7，填充图形，并设置适当的轮廓宽度，效果如图 6-230 所示。使用相同的方法再绘制两个矩形，效果如图 6-231 所示。选择"贝塞尔"工具 ✎，在适当的位置绘制两个图形，并设置适当的轮廓宽度，效果如图 6-232 所示。

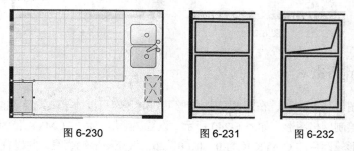

图 6-230　　　　　　图 6-231　　　　图 6-232

（9）选择"矩形"工具 □，绘制一个矩形。按 F11 键，弹出"编辑填充"对话框，选择"渐变填充"按钮 ▣，将"起点"颜色的 CMYK 值设置为 0、2、0、0，"终点"颜色的 CMYK 值设置为 14、5、0、17，其他选项的设置如图 6-233 所示。单击"确定"按钮，填充图形，并设置适当的轮廓宽度，效果如图 6-234 所示。

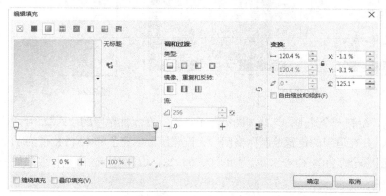

图 6-233

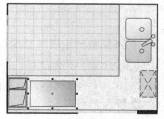

图 6-234

119

（10）选择"手绘"工具 ，按住 Ctrl 键的同时绘制一条直线，并设置适当的轮廓宽度，效果如图 6-235 所示。选择"矩形"工具 和"椭圆形"工具 ，在适当的位置绘制两个圆形和矩形，填充相同的渐变色并设置轮廓宽度，效果如图 6-236 所示。选择"椭圆形"工具 和"手绘"工具 ，用相同的方法再绘制一个需要的图形，设置相同的轮廓宽度，效果如图 6-237 所示。

（11）选择"选择"工具 ，选取需要的图形，如图 6-238 所示，连续按 Ctrl+PageDown 组合键，将其置于墙体图形的下方，效果如图 6-239 所示。

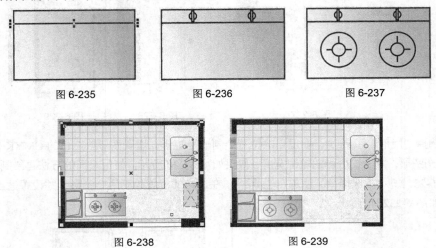

图 6-235　　　　　　图 6-236　　　　　　图 6-237

图 6-238　　　　　　图 6-239

6.1.14　制作浴室

（1）选择"图纸"工具 ，在属性栏中的"列数和行数" 框中设置数值为 15、5，并在页面中适当的位置绘制网格图形，如图 6-240 所示。设置图形填充色的 CMYK 值为 0、0、0、10，填充图形。设置图形轮廓色的 CMYK 值为 0、0、0、20，填充图形轮廓线，并设置适当的轮廓宽度，效果如图 6-241 所示。

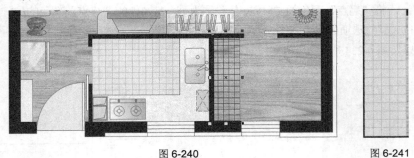

图 6-240　　　　　　　　　　　　　图 6-241

（2）选择"矩形"工具 ，绘制一个矩形。选择"图纸"工具 ，在属性栏中的"列数和行数" 框中设置数值为 15、15，并在适当的位置绘制网格图形，设置图形填充色的 CMYK 值为 11、0、0、0，并填充图形。设置图形轮廓色的 CMYK 值为 0、0、0、28，填充图形轮廓线，效果如图 6-242 所示。

（3）选择"矩形"工具 ，绘制一个矩形。按 F11 键，弹出"编辑填充"对话框，选择"底纹填充"按钮 ▦，弹出相应的对话框，选择需要的样本和底纹图案，如图 6-243 所示。单击"变换"按钮，在弹出的对话框中进行设置，如图 6-244 所示，单击"确定"按钮。返回"底纹填充"对话框，单击"确定"按钮，填充效果如图 6-245 所示。选择"矩形"工具 ▢，绘制一个矩形，在属性栏中的"圆角半径" ▦ 框中设置数值为 1.4mm，按 Enter 键。填充与底图相同的底纹，效果如图 6-246 所示。

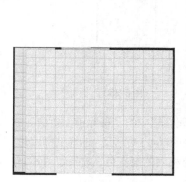

图 6-242

图 6-243

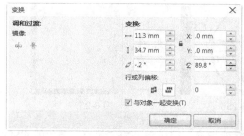

图 6-244

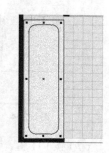

图 6-245

图 6-246

（4）选择"矩形"工具 ▢，绘制一个圆角矩形，如图 6-247 所示。按 F11 键，弹出"编辑填充"对话框，选择"渐变填充"按钮 ▦，将"起点"颜色的 CMYK 值设置为 2、2、0、0，"终点"颜色的 CMYK 值设置为 2、2、0、21，其他选项的设置如图 6-248 所示。单击"确定"按钮，填充图形，并设置适当的轮廓宽度，效果如图 6-249 所示。

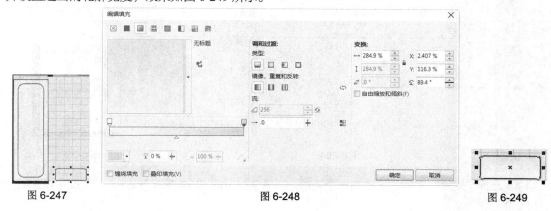

图 6-247

图 6-248

图 6-249

（5）选择"矩形"工具 □ 和"椭圆形"工具 ○ ，在适当的位置绘制需要的图形，如图 6-250 所示。选择"选择"工具 ▹ ，将需要的图形全部选取，然后单击属性栏中的"合并"按钮 ⌐ ，将图形合并为一个图形，效果如图 6-251 所示。填充与下方图形相同的渐变色，效果如图 6-252 所示。选择"矩形"工具 □ 和"椭圆形"工具 ○ ，在适当的位置绘制需要的图形，如图 6-253 所示。

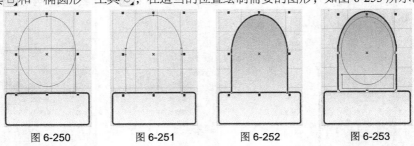

图 6-250   图 6-251   图 6-252   图 6-253

（6）选择"选择"工具 ▹ ，将需要的图形全部选取，然后单击属性栏中的"移除前面对象"按钮 ⌐ ，效果如图 6-254 所示。填充与下方图形相同的渐变色，效果如图 6-255 所示。选择"椭圆形"工具 ○ 和"贝塞尔"工具 ↘ ，在适当的位置绘制需要的图形，并填充相同的渐变色，效果如图 6-256 所示。选择"贝塞尔"工具 ↘ ，绘制一个不规则图形，如图 6-257 所示。

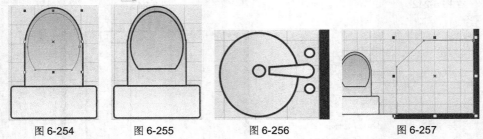

图 6-254   图 6-255   图 6-256   图 6-257

（7）按 F11 键，弹出"编辑填充"对话框，选择"渐变填充"按钮 ▦ ，将"起点"颜色的 CMYK 值设置为 0、1、0、0，"终点"颜色的 CMYK 值设置为 18、1、36、0，其他选项的设置如图 6-258 所示。单击"确定"按钮，填充图形，并设置适当的轮廓宽度，效果如图 6-259 所示。

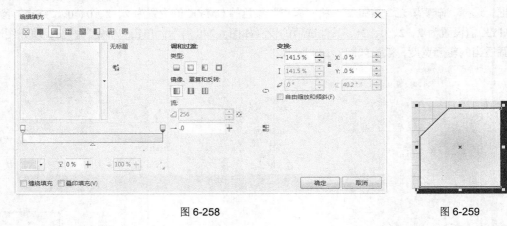

图 6-258   图 6-259

（8）选择"矩形"工具 □ ，绘制一个矩形，在属性栏中的"轮廓宽度" ⌂ .2 mm ▾ 框中设置数值为 0.18, 如图 6-260 所示。选择"选择"工具 ▸, 选取需要的图形, 如图 6-261 所示, 连续按 Ctrl+PageDown 组合键, 将其置于墙体图形的下方, 效果如图 6-262 所示。

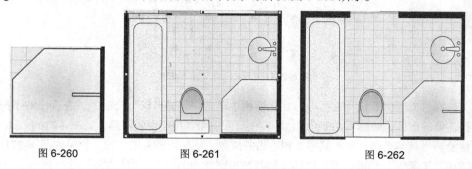

图 6-260   图 6-261   图 6-262

6.1.15 添加标注和指南针

(1)选择"平行度量"工具 ✐, 将鼠标的光标移动到平面图上方墙体的左侧并单击, 拖曳鼠标, 将鼠标指针移动到右侧再次单击, 再将鼠标光标拖曳到线段中间单击完成标注, 效果如图 6-263 所示。在属性栏中单击"度量单位"选项, 在弹出的菜单中选择需要的单位, 如图 6-264 所示, 标注效果如图 6-265 所示。用相同的方法标注左侧的墙体, 效果如图 6-266 所示。

图 6-263   图 6-264

图 6-265   图 6-266

(2)选择"椭圆形"工具 ○, 按住 Ctrl 键的同时拖曳鼠标, 绘制一个圆形, 如图 6-267 所示。选择"文本"工具 ☎, 在页面中输入需要的文字。选择"选择"工具 ▸, 在属性栏中选择合适的字体并设置文字大小, 效果如图 6-268 所示。

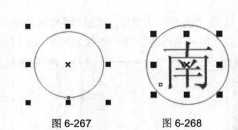

图 6-267　　　　　　　图 6-268

（3）选择"流程图形状"工具，在属性栏中单击"完美形状"按钮，在弹出的下拉图形列表中选择需要的图标，如图 6-269 所示，然后在页面中绘制出需要的图形，如图 6-270 所示。使用相同的方法绘制出其他图形，并将其拖曳到适当的位置，旋转到需要的角度，效果如图 6-271 所示。选择"选择"工具，选取需要的图形，将其拖曳到适当的位置，效果如图 6-272 所示。

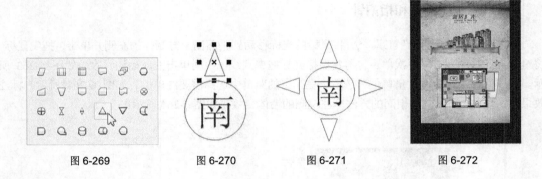

图 6-269　　　　　　图 6-270　　　　　　图 6-271　　　　　　图 6-272

6.1.16　添加线条和说明性文字

（1）选择"文本"工具，在适当的位置输入需要的文字。选择"选择"工具，在属性栏中选择合适的字体并设置文字大小，效果如图 6-273 所示。

（2）选择"椭圆形"工具，按住 Ctrl 键的同时拖曳鼠标，绘制一个圆形。设置填充色的 CMYK 值为 94、51、95、23，填充图形，并去除图形的轮廓线。选择"文本"工具，分别在圆形中输入需要的文字。选择"选择"工具，在属性栏中分别选择合适的字体并设置文字大小，填充文字为白色，效果如图 6-274 所示。

图 6-273

图 6-274

（3）选择"矩形"工具，绘制一个矩形，填充为白色，并去除图形的轮廓线，效果如图 6-275

所示。选择"文本"工具 ，分别输入需要的文字。选择"选择"工具 ，在属性栏中选择合适的字体并设置文字大小，效果如图 6-276 所示。

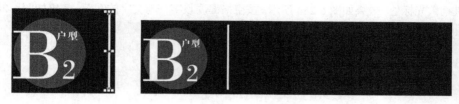

图 6-275　　　　　　　　　　　　　　　　　　图 6-276

（4）按住 Shift 键的同时，将需要的文字同时选取，设置填充色的 CMYK 值为 0、0、20、0，填充文字，如图 6-277 所示。

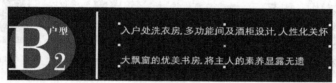

图 6-277

（5）选择"矩形"工具 ，在属性栏中的"圆角半径" 框中设置数值为 1.6mm，如图 6-278 所示，在适当的位置绘制矩形。设置填充颜色的 CMYK 值为 0、0、0、10，填充矩形，并去除其轮廓线，效果如图 6-279 所示。

图 6-278　　　　　　　　　　　　　　图 6-279

（6）连续按 Ctrl+PageDown 组合键，后移矩形，如图 6-280 所示。选择"选择"工具 ，选取矩形。按 2 次数字键盘上的+键，复制 2 个矩形。按住 Ctrl 键的同时，分别将其垂直向下拖曳到适当的位置，效果如图 6-281 所示。

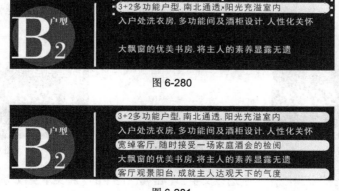

图 6-280

图 6-281

（7）选择"文本"工具字，在页面中单击插入光标，如图 6-282 所示。选择"文本 > 插入字符"命令，弹出"插入字符"泊坞窗，在泊坞窗中进行设置并选择需要的字符，如图 6-283 所示，双击字符将其插入光标处，效果如图 6-284 所示。按空格键调整字符与文字的间距，效果如图 6-285 所示。

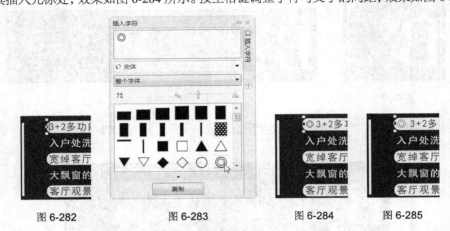

| 图 6-282 | 图 6-283 | 图 6-284 | 图 6-285 |

（8）使用相同的方法在其他位置插入字符，并填充适当的颜色，效果如图 6-286 所示。选择"文本"工具字，在页面中分别输入需要的文字。选择"选择"工具，在属性栏中选择合适的字体并设置文字大小，填充文字为白色，效果如图 6-287 所示。

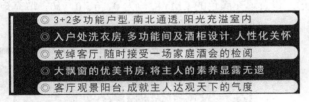

| 图 6-286 | 图 6-287 |

（9）选择"选择"工具，选取需要的文字，再次单击文字，使其处于旋转状态，向右拖曳上方中间的控制手柄到适当的位置，倾斜文字，效果如图 6-288 所示。选取下方的文字，在"对象属性"泊坞窗中，选项的设置如图 6-289 所示，按 Enter 键，文字效果如图 6-290 所示。

| 图 6-288 | 图 6-289 | 图 6-290 |

（10）选择"选择"工具，分别选取文字，单击属性栏中的"将文本更改为垂直方向"按钮，

垂直排列文字，如图 6-291 所示。分别将其拖曳到适当的位置，效果如图 6-292 所示。室内平面图设计制作完成。

图 6-291

图 6-292

6.2 课后习题——新锐花园室内平面图设计

习题知识要点

在 Photoshop 中，使用矩形工具和移动工具绘制背景效果。在 CorelDRAW 中，使用矩形工具绘制墙体；使用椭圆形工具、图纸工具和矩形工具绘制门和窗；使用矩形工具、形状工具和贝塞尔工具绘制地板和床；使用矩形工具和贝塞尔工具绘制地毯、沙发及其他家具；使用椭圆工具和贝塞尔工具绘制指北针；使用文本工具和文本属性泊坞窗添加标题文字。新锐花园室内平面图设计效果如图 6-293 所示。

图 6-293

效果所在位置

光盘/Ch06/效果/新锐花园室内平面图设计/新锐花园室内平面图.cdr。

第 7 章 宣传单设计

宣传单是直销广告的一种，对宣传活动和促销商品有着重要的作用。宣传单通过派送、邮递等形式，可以有效地将信息传送给目标受众。众多的企业和商家都希望通过宣传单来宣传自己的产品，传播自己的企业文化。本章以商场宣传单和钻戒宣传单设计为例，讲解宣传单的设计方法和制作技巧。

课堂学习目标	/ 在Photoshop软件中制作宣传单底图
	/ 在CorelDRAW软件中添加产品、标志及相关信息

7.1 商场宣传单设计

📋 **案例学习目标**

学习在 Photoshop 中调整图像制作背景效果。在 CorelDRAW 中使用文本工具、绘制工具和填充工具制作宣传文字；使用绘图工具和立体化工具制作主体文字。

📋 **案例知识要点**

在 Photoshop 中，使用添加图层蒙版命令、多边形套索工具和画笔工具擦除不需要的图像；使用钢笔工具绘制形状图形。在 CorelDRAW 中，使用文本工具、文本属性泊坞窗、渐变工具和立体化工具制作宣传语；使用旋转工具和倾斜工具制作文字的倾斜效果；使用矩形工具、转换为曲线命令和形状工具制作装饰三角形。商场宣传单设计效果如图 7-1 所示。

📋 **效果所在位置**

光盘/Ch07/效果/商场宣传单设计/商场宣传单.cdr。

图 7-1

Photoshop 应用

7.1.1 制作背景效果

（1）按 Ctrl+N 组合键，新建一个文件：宽度为 60cm，高度为 80cm，分辨率为 72 像素/英寸，颜色模式为 RGB，背景内容为白色。将前景色设为桔黄色（其 R、G、B 值分别为 255、186、0），按 Alt+Delete 组合键，用前景色填充"背景"图层，效果如图 7-2 所示。

（2）按 Ctrl+O 组合键，打开光盘中的"Ch07 > 素材 > 商场宣传单设计 > 01"文件，选择"移动"工具 ，将图片拖曳到图像窗口中适当的位置，如图 7-3 所示。在"图层"控制面板中生成新的图层并将其命名为"底图"。

图 7-2　　　　　　　　　　　　图 7-3

（3）单击"图层"控制面板下方的"添加图层蒙版"按钮 ，为图层添加蒙版，如图 7-4 所示。将前景色设为黑色。选择"多边形套索"工具 ，在图像窗口中绘制多边形选区，如图 7-5 所示。按 Alt+Delete 组合键，用前景色填充蒙版。按 Ctrl+D 组合键，取消选区，效果如图 7-6 所示。

图 7-4　　　　　　　　　　图 7-5　　　　　　　　　　图 7-6

（4）在"图层"控制面板上方，将"底图"图层的"不透明度"选项设为 78%，如图 7-7 所示，按 Enter 键，效果如图 7-8 所示。

图 7-7　　　　　　　　　　　图 7-8

（5）按 Ctrl + O 组合键，打开光盘中的"Ch04 > 素材 > 商场宣传单设计 > 02"文件，选择"移动"工具 ，将图片拖曳到图像窗口的适当位置，并调整其大小，效果如图 7-9 所示，在"图层"控制面板中生成新图层并将其命名为"云 1"。在控制面板上方，将该图层的"不透明度"选项设为 68%，如图 7-10 所示，按 Enter 键，效果如图 7-11 所示。

图 7-9   图 7-10   图 7-11

（6）按 Ctrl + O 组合键，打开光盘中的"Ch04 > 素材 > 商场宣传单设计 > 03"文件，选择"移动"工具，将图片拖曳到图像窗口的适当位置，并调整其大小，效果如图 7-12 所示，在"图层"控制面板中生成新图层并将其命名为"云 2"。

（7）单击"图层"控制面板下方的"添加图层蒙版"按钮，为图层添加蒙版。选择"画笔"工具，在属性栏中单击"画笔"选项右侧的按钮，在弹出的面板中选择需要的画笔形状，将"大小"选项设为 400 像素，如图 7-13 所示，在图像窗口中拖曳鼠标擦除不需要的图像，效果如图 7-14 所示。

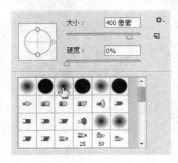

图 7-12   图 7-13   图 7-14

（8）按 Ctrl + O 组合键，打开光盘中的"Ch04 > 素材 > 商场宣传单设计 > 04"文件，选择"移动"工具，将图片拖曳到图像窗口的适当位置，并调整其大小，效果如图 7-15 所示，在"图层"控制面板中生成新图层并将其命名为"主体"。

（9）将前景色设为粉红色（其 R、G、B 的值分别为 240、112、93）。选择"钢笔"工具，在属性栏的"选择工具模式"选项中选择"形状"，在图像窗口中绘制形状，如图 7-16 所示，在"图层"控制面板中生成新的图层。用相同的方法再绘制一个暗红色（其 R、G、B 的值分别为 146、27、41）形状，效果如图 7-17 所示。

图 7-15   图 7-16   图 7-17

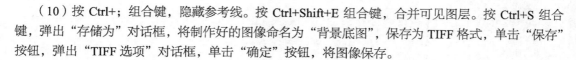

（10）按 Ctrl+；组合键，隐藏参考线。按 Ctrl+Shift+E 组合键，合并可见图层。按 Ctrl+S 组合键，弹出"存储为"对话框，将制作好的图像命名为"背景底图"，保存为 TIFF 格式，单击"保存"按钮，弹出"TIFF 选项"对话框，单击"确定"按钮，将图像保存。

CorelDRAW 应用

7.1.2　制作宣传语

（1）打开 CorelDRAW 软件，按 Ctrl+N 组合键，新建一个页面。在属性栏的"页面度量"选项中分别设置宽度为 600mm，高度为 800mm，按 Enter 键，页面显示为设置的大小。按 Ctrl+I 组合键，弹出"导入"对话框，打开光盘中的"Ch07 > 效果 > 商场宣传单设计 > 背景底图"文件，单击"导入"按钮，在页面中单击导入图片。按 P 键，图片居中对齐页面，效果如图 7-18 所示。

（2）选择"文本"工具 ，在页面中分别输入需要的文字，选择"选择"工具 ，在属性栏中分别选取适当的字体并设置文字大小，效果如图 7-19 所示。

图 7-18　　　　　　　　　　图 7-19

（3）选择"选择"工具 ，选取需要的文字。按 Ctrl+T 组合键，弹出"文本属性"泊坞窗，单击"段落"按钮 ，选项的设置如图 7-20 所示，按 Enter 键，效果如图 7-21 所示。

图 7-20　　　　　　　　　　图 7-21

（4）选择"选择"工具 ，选取需要的文字。在"文本属性"泊坞窗中，选项的设置如图 7-22所示，按 Enter 键，效果如图 7-23 所示。

图 7-22  图 7-23

（5）选择"文本"工具 字，在页面中分别输入需要的文字，选择"选择"工具，在属性栏中分别选取适当的字体并设置文字大小，效果如图 7-24 所示。用圈选的方法将需要的文字同时选取，单击属性栏中的"将文本更改为垂直方向"按钮 ，垂直排列文字，并拖曳到适当的位置，效果如图 7-25 所示。

图 7-24  图 7-25

（6）用圈选的方法将需要的文字同时选取，如图 7-26 所示。再次单击使其处于旋转状态，向上拖曳右侧中间的控制手柄到适当的位置，如图 7-27 所示。再次单击使其处于选取状态，选择"对象 > 造形 > 合并"命令，合并文字，效果如图 7-28 所示。

图 7-26  图 7-27 图 7-28

（7）保持文字的选取状态。选择"编辑填充"工具 ，弹出"编辑填充"对话框，单击"渐变填充"按钮 ，在"位置"选项中分别输入 0、100 两个位置点，分别设置位置点颜色的 CMYK 值为 0（0、80、100、0）、100（0、4、74、0），如图 7-29 所示。单击"确定"按钮，填充文字，效果如图 7-30 所示。

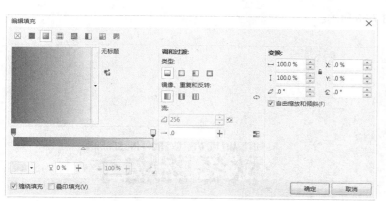

图 7-29　　　　　　　　　　　　　　　　　　　　　图 7-30

（8）选择"立体化"工具 ，鼠标的光标变为 ，在图形上从中心至下方拖曳鼠标，为文字添加立体化效果。在属性栏中单击"立体化颜色"按钮 ，在弹出的面板中单击"使用递减的颜色"按钮 ，将"从"选项颜色的 CMYK 值设为 0、100、100、0，"到"选项颜色的 CMYK 值设为 0、0、0、100，其他选项的设置如图 7-31 所示，按 Enter 键，效果如图 7-32 所示。选择"选择"工具 ，将其拖曳到页面中适当的位置，如图 7-33 所示。

图 7-31　　　　　　　　　　　图 7-32　　　　　　　　　　　图 7-33

（9）选择"文本"工具 ，在页面中分别输入需要的文字，选择"选择"工具 ，在属性栏中分别选取适当的字体并设置文字大小，效果如图 7-34 所示。用圈选的方法选取需要的文字，设置文字颜色的 CMYK 值为 0、100、100、10，填充文字，效果如图 7-35 所示。选取下方的文字，设置文字颜色的 CMYK 值为 0、20、100、0，填充文字，效果如图 7-36 所示。

图 7-34　　　　　　　　　　　　　　　　　　图 7-35

图 7-36

（10）选择"选择"工具 ，选取需要的文字。在"文本属性"泊坞窗中，选项的设置如图 7-37

133

所示，按 Enter 键，效果如图 7-38 所示。

图 7-37　　　　　　　　　　　　　　　　图 7-38

（11）选择"选择"工具，用圈选的方法将需要的文字同时选取，再次单击文字使其处于旋转状态，向上拖曳右侧中间的控制手柄到适当的位置，效果如图 7-39 所示。再次单击文字使其处于选取状态，拖曳到适当的位置，效果如图 7-40 所示。

图 7-39　　　　　　　　　　　　　　　　图 7-40

（12）选择"选择"工具，用圈选的方法将需要的文字同时选取，按数字键盘上的+键，复制文字，并将其拖曳到适当的位置，填充文字为白色，效果如图 7-41 所示。选取需要的文字，如图 7-42 所示。

图 7-41　　　　　　　　　　　　　　　　图 7-42

（13）选择"编辑填充"工具，弹出"编辑填充"对话框，单击"渐变填充"按钮，在"位置"选项中分别输入 0、50、100 两个位置点，分别设置位置点颜色的 CMYK 值为 0（0、0、89、0）、50（0、0、34、0）、100（0、0、90、0），如图 7-43 所示。单击"确定"按钮，填充文字，效果如图 7-44 所示。

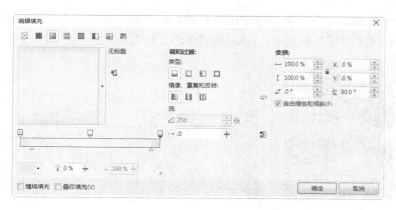

图 7-43　　　　　　　　　　　　　　　　　图 7-44

7.1.3　添加其他相关信息

（1）选择"文本"工具 字，在页面中分别输入需要的文字，选择"选择"工具 ，在属性栏中分别选取适当的字体并设置文字大小，效果如图 7-45 所示。选取需要的文字，设置文字颜色的 CMYK 值为 0、100、100、10，填充文字，效果如图 7-46 所示。

图 7-45　　　　　　　　　　　图 7-46

（2）选择"椭圆形"工具 ，按住 Ctrl 键的同时，绘制一个圆形。设置图形颜色的 CMYK 值为 0、100、100、10，填充图形，并去除图形的轮廓线，如图 7-47 所示。

（3）按 Ctrl+I 组合键，弹出"导入"对话框，打开光盘中的"Ch05 > 素材 > 商场宣传单设计 > 05"文件，单击"导入"按钮，在页面中单击导入图片，拖曳到适当的位置，效果如图 7-48 所示。

图 7-47　　　　　　　　　　　图 7-48

（4）选择"矩形"工具 □，绘制一个矩形，设置图形颜色的 CMYK 值为 0、20、100、0，填充图形，并去除图形的轮廓线，效果如图 7-49 所示。再绘制一个矩形，如图 7-50 所示。

图 7-49   图 7-50

（5）保持矩形的选取状态，单击属性栏中的"转换为曲线"按钮 ⊙，将图形转换为曲线，如图 7-51 所示。选择"形状"工具 ⬫，双击右下角的控制点，删除不需要的节点，效果如图 7-52 所示。设置图形颜色的 CMYK 值为 0、85、100、0，填充图形，并去除图形的轮廓线，效果如图 7-53 所示。

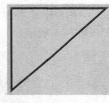
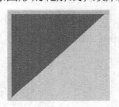

图 7-51   图 7-52   图 7-53

（6）选择"选择"工具 ⬐，选取图形。按数字键盘上的+键，复制图形。按住 Shift 键的同时，水平向右拖曳图形到适当的位置，效果如图 7-54 所示。单击属性栏中的"水平镜像"按钮 ⬛，水平翻转图形，效果如图 7-55 所示。

图 7-54   图 7-55

（7）选择"选择"工具 ⬐，用圈选的方法将需要的图形同时选取。按数字键盘上的+键，按住 Shift 键的同时，垂直向下拖曳图形到适当的位置，效果如图 7-56 所示。单击属性栏中的"垂直镜像"按钮 ⬓，垂直翻转图形，效果如图 7-57 所示。

图 7-56   图 7-57

（8）选择"文本"工具 ⍰，在页面中分别输入需要的文字，选择"选择"工具 ⍰，在属性栏中分别选取适当的字体并设置文字大小。设置文字颜色的 CMYK 值为 100、20、0、20，填充文字，效果如图 7-58 所示。

（9）选择"选择"工具 ⍰，选取需要的文字。在"文本属性"泊坞窗中，选项的设置如图 7-59 所示，按 Enter 键，效果如图 7-60 所示。

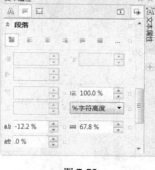

图 7-58   图 7-59   图 7-60

（10）选择"选择"工具 ⍰，选取需要的文字。在"文本属性"泊坞窗中，选项的设置如图 7-61 所示，按 Enter 键，效果如图 7-62 所示。

图 7-61   图 7-62

（11）选择"矩形"工具 ⍰，绘制一个矩形，设置图形颜色的 CMYK 值为 0、85、100、0，填充图形，并去除图形的轮廓线，效果如图 7-63 所示。再绘制一个矩形，填充轮廓线颜色为白色。在属性栏中的"轮廓宽度" ⍰ .2 mm ▾ 框中设置数值为 0.5mm，按 Enter 键，效果如图 7-64 所示。

图 7-63   图 7-64

（12）选择"文本"工具 ⍰，在页面中分别输入需要的文字，选择"选择"工具 ⍰，在属性栏中分别选取适当的字体并设置文字大小。设置文字颜色的 CMYK 值为 0、85、100、0 和白色，填充文字，效果如图 7-65 所示。选择"文本"工具 字，分别选取需要的文字，填充为黑色，效果如图 7-66 所示。

图 7-65　　　　　　　　　图 7-66

（13）用相同的方法制作其他图形和文字，效果如图 7-67 所示。选择"选择"工具 ，用圈选的方法将需要的图形和文字同时选取，连续按 Ctrl+PageDown 组合键，向后移动到适当的位置，效果如图 7-68 所示。

图 7-67　　　　　　　　　图 7-68

（14）用上述方法制作右侧的图形，如图 7-69 所示。选择"文本"工具 字，在页面中分别输入需要的文字，选择"选择"工具 ，在属性栏中分别选取适当的字体并设置文字大小。设置文字颜色的 CMYK 值为 0、100、100、10，填充文字，效果如图 7-70 所示。在"文本属性"泊坞窗中，分别设置适当的文字间距，效果如图 7-71 所示。

图 7-69

图 7-70　　　　　　　　　图 7-71

（15）选择"矩形"工具 ，绘制一个矩形，设置图形颜色的 CMYK 值为 0、100、100、10，填充图形，并去除图形的轮廓线，效果如图 7-72 所示。选择"文本"工具 ，在页面中输入需要的文字并分别选取文字，在属性栏中分别选取适当的字体并设置文字大小，设置文字颜色的 CMYK 值为 0、20、100、0 和白色，填充文字，效果如图 7-73 所示。

图 7-72

图 7-73

（16）用相同的方法制作其他图形和文字，效果如图 7-74 所示。在下方的图形上分别输入需要的文字，并填充适当的颜色，效果如图 7-75 所示。

图 7-74

图 7-75

（17）选择"矩形"工具 ，绘制一个矩形，设置图形颜色的 CMYK 值为 0、100、0、0，填充图形，并去除图形的轮廓线，效果如图 7-76 所示。连续按 Ctrl+PageDown 组合键，后移图形到适当的位置，效果如图 7-77 所示。

图 7-76

图 7-77

（18）用相同的方法绘制图形并后移到适当的位置，效果如图 7-78 所示。商场宣传单制作完成，效果如图 7-79 所示。

图 7-78

图 7-79

（19）按 Ctrl+S 组合键，弹出"保存图形"对话框，将制作好的图像命名为"商场宣传单"，保存为 CDR 格式，单击"保存"按钮，将图像保存。

7.2　课后习题——钻戒宣传单设计

习题知识要点

在 Photoshop 中，使用移动工具、蒙版按钮和画笔工具制作背景效果。在 CorelDRAW 中，使用文本工具、贝塞尔工具、两点线工具、轮廓图工具和图框精确剪裁命令制作宣传语；使用矩形工具、文本工具和倾斜工具制作其他宣传语。钻戒宣传单设计效果如图 7-80 所示。

效果所在位置

光盘/Ch07/效果/钻戒宣传单设计/钻戒宣传单.cdr。

图 7-80

第 8 章　广告设计

广告以多样的形式出现在城市中，通过电视、报纸和霓虹灯等媒介来发布，是城市商业发展的写照。好的广告要强化视觉冲击力，抓住观众的视线。广告是重要的宣传媒体之一，具有实效性强、受众广泛、宣传力度大的特点。本章以汽车广告和空调广告设计为例，讲解广告的设计方法和制作技巧。

课堂学习目标	/ 在Photoshop软件中制作背景图并添加广告主体
	/ 在CorelDRAW软件中添加其他相关信息

8.1　汽车广告设计

案例学习目标

学习在 Photoshop 中使用图层面板、绘图工具、滤镜命令和画笔工具制作广告背景。在 CorelDRAW 中使用图形绘制工具和文字工具添加广告语和相关信息。

案例知识要点

在 Photoshop 中，使用渐变工具和图层面板制作背景效果，使用多边形套索工具、画笔工具和高斯模糊滤镜命令制作汽车投影，使用亮度/对比度调整层调整图像颜色。在 CorelDRAW 中，使用矩形工具、渐变工具和图框精确剪裁命令制作广告语底图，使用文本工具、对象属性面板和阴影工具制作广告语，使用导入命令添加礼品，使用文本工具和透明度工具制作标志文字。汽车产品广告设计效果如图 8-1 所示。

效果所在位置

光盘/Ch08/效果/汽车广告设计/汽车广告.cdr。

图 8-1

Photoshop 应用

8.1.1　绘制背景效果

（1）按 Ctrl + N 组合键，新建一个文件：宽度为 800mm，高度为 600mm，分辨率为 150 像素/英寸，颜色模式为 RGB，背景内容为白色。

（2）新建图层并将其命名为"渐变"。选择"渐变"工具 ，单击属性栏中的"点按可编辑渐变"按钮 ，弹出"渐变编辑器"对话框，将渐变色设为从浅蓝色（其 R、G、B 的值分别为 197、234、253）到蓝色（其 R、G、B 的值分别为 128、224、255），如图 8-2 所示，单击"确定"按钮。单击属性栏中的"径向渐变"按钮 ，在图像窗口中从中心向上拖曳渐变色，效果如图 8-3 所示。

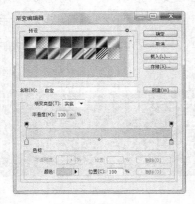

图 8-2   图 8-3

（3）在"图层"控制面板下方单击"添加图层蒙版"按钮 ，为图层添加蒙版，如图 8-4 所示。选择"渐变"工具 ，单击属性栏中的"点按可编辑渐变"按钮 ，弹出"渐变编辑器"对话框，将渐变色设为从黑色到白色，单击"确定"按钮。在图像窗口中从下向上拖曳渐变色，效果如图 8-5 所示。

图 8-4   图 8-5

（4）按 Ctrl + O 组合键，打开光盘中的"Ch08 > 素材 > 汽车广告设计 > 01"文件，选择"移动"工具 ，将图片拖曳到图像窗口中适当的位置，如图 8-6 所示。在"图层"控制面板中生成新的图层并将其命名为"天空"。

（5）在"图层"控制面板上方，将"天空"图层的混合模式选项设为"明度"，将"不透明度"选项设为 75%，如图 8-7 所示，图像窗口中的效果如图 8-8 所示。

（6）按 Ctrl + O 组合键，打开光盘中的"Ch08 > 素材 > 汽车广告设计 > 02"文件，选择"移动"工具 ，将图片拖曳到图像窗口中适当的位置，如图 8-9 所示。在"图层"控制面板中生成新的图层并将其命名为"城市剪影"。

（7）在"图层"控制面板上方，将"城市剪影"图层的"不透明度"选项设为 24%，如图 8-10

所示，图像窗口中的效果如图 8-11 所示。

图 8-6　　　　　　　　图 8-7　　　　　　　　图 8-8

图 8-9　　　　　　　　图 8-10　　　　　　　　图 8-11

（8）按 Ctrl + O 组合键，打开光盘中的"Ch08 > 素材 > 汽车广告设计 > 03"文件，选择"移动"工具，将图片拖曳到图像窗口中适当的位置，如图 8-12 所示。在"图层"控制面板中生成新的图层并将其命名为"地面"。

（9）在"图层"控制面板上方，将"地面"图层的"不透明度"选项设为 30%，如图 8-13 所示，图像窗口中的效果如图 8-14 所示。

图 8-12　　　　　　　　图 8-13　　　　　　　　图 8-14

（10）在"图层"控制面板下方单击"添加图层蒙版"按钮，为图层添加蒙版，如图 8-15 所示。将前景色设为黑色。选择"画笔"工具，单击"画笔"选项右侧的按钮，在弹出的面板中选择需要的画笔形状，并设置适当的画笔大小，如图 8-16 所示。在图像窗口中擦除不需要的图像，效果如图 8-17 所示。

图 8-15

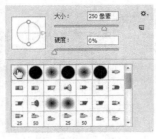
图 8-16

图 8-17

（11）按 Ctrl + O 组合键，打开光盘中的"Ch08 > 素材 > 汽车广告设计 > 04"文件，选择"移动"工具，将图片拖曳到图像窗口中适当的位置，如图 8-18 所示。在"图层"控制面板中生成新的图层并将其命名为"潮流元素 1"。

（12）在"图层"控制面板上方，将"潮流元素 1"图层的"填充"选项设为 50%，如图 8-19 所示，图像窗口中的效果如图 8-20 所示。

图 8-18

图 8-19

图 8-20

（13）按 Ctrl + O 组合键，打开光盘中的"Ch08 > 素材 > 汽车广告设计 > 05"文件，选择"移动"工具，将图片拖曳到图像窗口中适当的位置，如图 8-21 所示。在"图层"控制面板中生成新的图层并将其命名为"潮流元素 2"。

（14）在"图层"控制面板上方，将"潮流元素 2"图层的"填充"选项设为 63%，如图 8-22 所示，图像窗口中的效果如图 8-23 所示。

图 8-21

图 8-22

图 8-23

（15）按 Ctrl + O 组合键，打开光盘中的"Ch08 > 素材 > 汽车广告设计 > 06"文件，选择"移动"工具 ，将图片拖曳到图像窗口中适当的位置，如图 8-24 所示。在"图层"控制面板中生成新的图层并将其命名为"潮流元素 3"。

（16）在"图层"控制面板上方，将"潮流元素 3"图层的"填充"选项设为 50%，如图 8-25 所示，图像窗口中的效果如图 8-26 所示。按住 Shift 键的同时，单击"潮流元素 1"图层，将需要的图层同时选取，按 Ctrl+G 组合键，群组图层，如图 8-27 所示。

图 8-24

图 8-25

图 8-26

图 8-27

8.1.2　制作汽车投影

（1）按 Ctrl + O 组合键，打开光盘中的"Ch08 > 素材 > 汽车广告设计 > 07"文件，选择"移动"工具 ，将图片拖曳到图像窗口中适当的位置，如图 8-28 所示。在"图层"控制面板中生成新的图层并将其命名为"汽车"。

（2）新建图层并将其命名为"阴影"。选择"多边形套索"工具 ，在适当的位置绘制多边形选区，如图 8-29 所示。填充为黑色，并取消选区，效果如图 8-30 所示。在"图层"控制面板下方单击"添加图层蒙版"按钮 ，为图层添加蒙版，如图 8-31 所示。选择"画笔"工具 ，在属性栏中将"不透明度"选项设为 24%，"流量"选项设为 1%，在图像窗口中擦除不需要的图像，效果如图 8-32 所示。

图 8-28

图 8-29　　　　　　　　　　　　　　　　图 8-30

图 8-31　　　　　　　　　　　　　　　　图 8-32

（3）选择"滤镜 > 模糊 > 高斯模糊"命令，在弹出的对话框中进行设置，如图 8-33 所示，单击"确定"按钮，效果如图 8-34 所示。

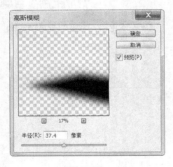

图 8-33　　　　　　　　　　　　　　　　图 8-34

（4）在"图层"控制面板上方，将"阴影"图层的"填充"选项设为 85%，如图 8-35 所示，图像窗口中的效果如图 8-36 所示。在"图层"控制面板中，将"阴影"图层拖曳到"汽车"图层的下方，图像效果如图 8-37 所示。

图 8-35　　　　　　　　图 8-36　　　　　　　　图 8-37

（5）单击"图层"控制面板下方的"创建新的填充或调整图层"按钮 ，在弹出的菜单中选择"亮度/对比度"命令，在"图层"控制面板中生成"亮度/对比度 1"图层，同时弹出相应的调整面板，选项的设置如图 8-38 所示。按 Enter 键，效果如图 8-39 所示。

图 8-38　　　　　　　　　　　图 8-39

（6）汽车广告底图制作完成。按 Ctrl+Shift+E 组合键，合并可见图层。按 Ctrl+S 组合键，弹出"存储为"对话框，将其命名为"汽车广告底图"，并保存为 TIFF 格式。单击"保存"按钮，弹出"TIFF 选项"对话框，单击"确定"按钮，将图像保存。

CorelDRAW 应用

8.1.3　制作广告语

（1）打开 CorelDRAW 软件，按 Ctrl+N 组合键，新建一个页面。在属性栏的"页面度量"选项中分别设置宽度为 800mm，高度为 600mm，按 Enter 键，页面显示为设置的大小。

（2）按 Ctrl+I 组合键，弹出"导入"对话框，打开光盘中的"Ch08 > 效果 > 汽车广告设计 > 汽车广告底图"文件，单击"导入"按钮，在页面中单击导入图片，如图 8-40 所示。按 P 键，图片居中对齐页面，效果如图 8-41 所示。

（3）选择"矩形"工具 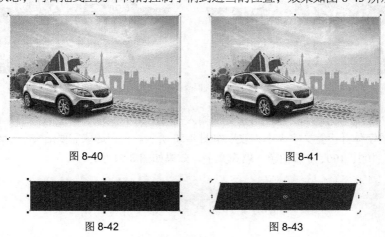，绘制一个矩形，填充为黑色，效果如图 8-42 所示。再次单击图形，使其处于旋转状态，向右拖曳上方中间的控制手柄到适当的位置，效果如图 8-43 所示。

图 8-40　　　　　　　　　　　图 8-41

图 8-42　　　　　　　　　　　图 8-43

（4）用相同的方法绘制其他倾斜矩形，效果如图 8-44 所示。再绘制一个倾斜的矩形，设置填充颜色的 CMYK 值为 0、20、60、20，填充图形，效果如图 8-45 所示。

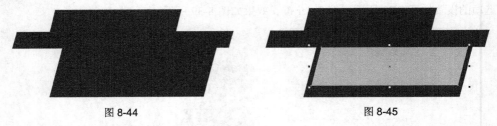

图 8-44   图 8-45

（5）选择"矩形"工具 □，绘制一个矩形，如图 8-46 所示。按 F11 键，弹出"编辑填充"对话框，选择"渐变填充"按钮 ■，将"起点"颜色的 CMYK 值设置为 0、20、60、84，"终点"颜色的 CMYK 值设置为 0、20、60、20，将下方三角图标的"节点位置"设为 28%，其他选项的设置如图 8-47 所示。单击"确定"按钮，填充图形，效果如图 8-48 所示。

（6）选择"选择"工具 ▶，选取渐变图形。选择"对象 > 图框精确剪裁 > 置于图文框内部"命令，鼠标光标变为黑色箭头形状，在倾斜的矩形上单击鼠标，将渐变图形置入倾斜的矩形中，效果如图 8-49 所示。

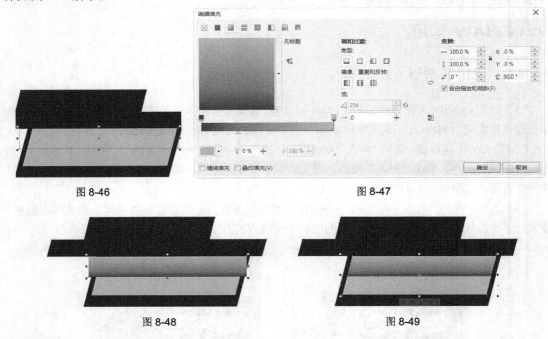

图 8-46   图 8-47

图 8-48   图 8-49

（7）选择"文本"工具 字，在图形上分别输入需要的文字，选择"选择"工具 ▶，在属性栏中分别选取适当的字体并设置文字大小，效果如图 8-50 所示。分别选取需要的文字，设置文字颜色的 CMYK 值为 0、100、100、0 和白色，填充文字，效果如图 8-51 所示。

图 8-50

图 8-51

（8）选取需要的文字。按 Alt+Enter 组合键，弹出"对象属性"泊坞窗，单击"段落"按钮，弹出相应的泊坞窗，选项的设置如图 8-52 所示。按 Enter 键，文字效果如图 8-53 所示。

图 8-52

图 8-53

（9）选择"选择"工具，选取需要的文字。选择"阴影"工具，在文字上从上向下拖曳光标，在属性栏中进行设置，如图 8-54 所示，按 Enter 键，效果如图 8-55 所示。

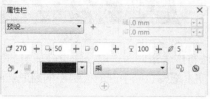

图 8-54

图 8-55

（10）选择"选择"工具，选取需要的文字。选择"阴影"工具，在文字上从上向下拖曳光标，在属性栏中进行设置，如图 8-56 所示，按 Enter 键，效果如图 8-57 所示。

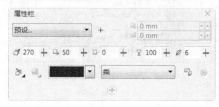

图 8-56

图 8-57

（11）选择"选择"工具，按住 Shift 键的同时，将需要的文字同时选取，如图 8-58 所示。再次单击文字，使其处于旋转状态，向右拖曳上方中间的控制手柄到适当的位置，效果如图 8-59 所示。

149

图 8-58

图 8-59

（12）选择"文本"工具 字，在图形上输入需要的文字，选择"选择"工具 ↖，在属性栏中选取适当的字体并设置文字大小，填充为白色，效果如图 8-60 所示。向左拖曳右侧中间的控制手柄到适当的位置，效果如图 8-61 所示。

图 8-60

图 8-61

（13）保持文字的选取状态，再次单击文字使其处于旋转状态，向右拖曳上方中间的控制手柄到适当的位置，效果如图 8-62 所示。用相同的方法输入下方的文字，效果如图 8-63 所示。

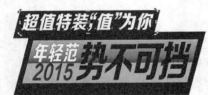

图 8-62

图 8-63

（14）选择"选择"工具 ↖，用圈选的方法将广告语同时选取，拖曳到适当的位置，效果如图 8-64 所示。再次单击图形使其处于旋转状态，向上拖曳右侧中间的控制手柄到适当的位置，效果如图 8-65 所示。

图 8-64

图 8-65

8.1.4　添加其他相关信息

（1）选择"矩形"工具 ▭，绘制一个矩形，在属性栏中的"圆角半径" ▱ 框中进行设置，如图 8-66 所示，按 Enter 键。填充为黑色，并去除图形的轮廓线，效果如图 8-67 所示。

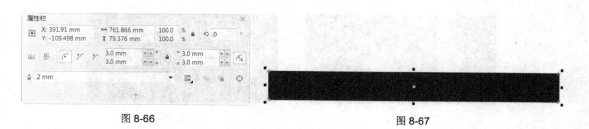

图 8-66   图 8-67

（2）选择"矩形"工具 □，绘制一个矩形，在属性栏中的"圆角半径" 框中进行设置，如图 8-68 所示，按 Enter 键。填充为 80%黑色，并去除图形的轮廓线，效果如图 8-69 所示。

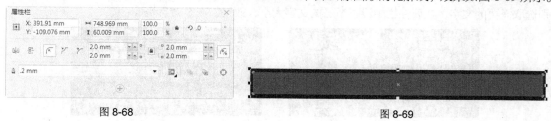

图 8-68   图 8-69

（3）选择"文本"工具 ，在图形上输入需要的文字，选择"选择"工具 ，在属性栏中选取适当的字体并设置文字大小，效果如图 8-70 所示。设置文字颜色的 CMYK 值为 0、20、100、0，填充文字，效果如图 8-71 所示。

图 8-70   图 8-71

（4）保持文字的选取状态。在"对象属性"泊坞窗中，选项的设置如图 8-72 所示，按 Enter 键，文字效果如图 8-73 所示。

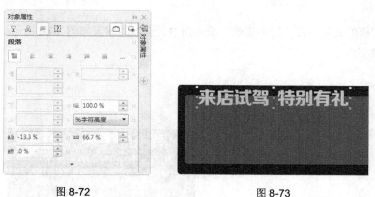

图 8-72   图 8-73

（5）选择"选择"工具 ，选取文字。按数字键盘上的+键，复制文字。填充为黑色，并拖曳到适当的位置，效果如图 8-74 所示。按 Ctrl+PageDown 组合键，后移文字，效果如图 8-75 所示。

图 8-74

图 8-75

（6）选择"文本"工具 ，在图形上分别输入需要的文字，选择"选择"工具 ，在属性栏中分别选取适当的字体并设置文字大小，填充为白色，效果如图 8-76 所示。选择"文本"工具 ，分别选取需要的文字，在属性栏中设置适当的文字大小，效果如图 8-77 所示。

图 8-76

图 8-77

（7）选择"选择"工具 ，选取需要的文字。在"对象属性"泊坞窗中，选项的设置如图 8-78 所示，按 Enter 键，文字效果如图 8-79 所示。

图 8-78

图 8-79

（8）选取需要的文字，在"对象属性"泊坞窗中，选项的设置如图 8-80 所示，按 Enter 键，文字效果如图 8-81 所示。

图 8-80

图 8-81

（9）选取需要的文字，在"对象属性"泊坞窗中，选项的设置如图 8-82 所示，按 Enter 键，文字效果如图 8-83 所示。

（10）选择"星形"工具，在属性栏中的"点数或边数"框中设置数值为 5，"锐度"框中设置数值为 53，在适当的位置绘制星形。设置填充颜色的 CMYK 值为 0、100、100、0，填充图形并去除图形的轮廓线，效果如图 8-84 所示。

图 8-82

图 8-83

图 8-84

（11）选择"选择"工具，选取星形。按数字键盘上的+键，复制星形并将其拖曳到适当的位置，效果如图 8-85 所示。用相同的方法复制星形，并拖曳到适当的位置，效果如图 8-86 所示。

图 8-85

图 8-86

（12）选择"2 点线"工具，按住 Shift 键的同时，在适当的位置拖曳鼠标绘制直线。在属性栏中的"轮廓宽度"框中设置数值为 1mm，填充轮廓线颜色为白色，效果如图 8-87 所示。选择"矩形"工具，绘制一个矩形，填充为黑色并去除图形的轮廓线，效果如图 8-88 所示。

图 8-87

图 8-88

（13）选择"选择"工具，选取矩形。按数字键盘上的+键，复制矩形。向上拖曳下方中间的控制手柄到适当的位置，填充图形为 80%黑色，效果如图 8-89 所示。选择"文本"工具，在图形上输入需要的文字，选择"选择"工具，在属性栏中选取适当的字体并设置文字大小。设置文字颜色的 CMYK 值为 0、20、100、0，填充文字，效果如图 8-90 所示。

图 8-89 　　　　　　　　　　　　　　　　　　图 8-90

（14）选取需要的文字，在"对象属性"泊坞窗中，选项的设置如图 8-91 所示，按 Enter 键，文字效果如图 8-92 所示。

图 8-91 　　　　　　　　　　　　　　　　　图 8-92

（15）选择"文本"工具 ，在图形上分别输入需要的文字，选择"选择"工具 ，在属性栏中分别选取适当的字体并设置文字大小，填充为白色，效果如图 8-93 所示。选择"文本"工具 ，选取需要的文字，在属性栏中设置适当的文字大小，效果如图 8-94 所示。

图 8-93 　　　　　　　　　　　　　　图 8-94

（16）选择"选择"工具 ，选取需要的文字。在"对象属性"泊坞窗中，选项的设置如图 8-95 所示，按 Enter 键，文字效果如图 8-96 所示。

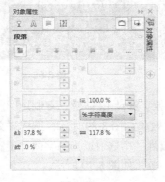

图 8-95 　　　　　　　　　　　　　　图 8-96

（17）选取需要的文字。在"对象属性"泊坞窗中，选项的设置如图 8-97 所示，按 Enter 键，文字效果如图 8-98 所示。

（18）选择"矩形"工具 ，绘制一个矩形，在属性栏中的"圆角半径" 框中进行设置，如图 8-99 所示，按 Enter 键。填充为 20%黑色，并去除图形的轮廓线，效果如图 8-100 所示。

图 8-97　　　　　　　　　　　　图 8-98

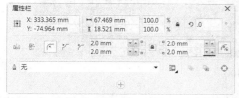

图 8-99　　　　　　　　　　　　图 8-100

（19）选择"选择"工具 ，选取圆角矩形。按数字键盘上的+键，复制矩形，拖曳到适当的位置，并填充为黑色，效果如图 8-101 所示。

（20）选择"文本"工具 ，在图形上输入需要的文字，选择"选择"工具 ，在属性栏中选取适当的字体并设置文字大小。设置文字颜色的 CMYK 值为 0、20、100、0，填充文字，效果如图 8-102 所示。

图 8-101　　　　　　　　　　　　图 8-102

（21）选择"文本"工具 ，选取需要的文字，在属性栏中设置适当的文字大小，效果如图 8-103 所示。选择"矩形"工具 ，绘制一个矩形，在属性栏中的"圆角半径" 框中进行设置，如图 8-104 所示，按 Enter 键。填充轮廓线为白色，效果如图 8-105 所示。

（22）选择"选择"工具 ，选取圆角矩形。按数字键盘上的+键，复制矩形，并将其拖曳到适当的位置，效果如图 8-106 所示。用相同的方法再次复制需要的圆角矩形，效果如图 8-107 所示。用上述方法制作其他图形和文字，效果如图 8-108 所示。

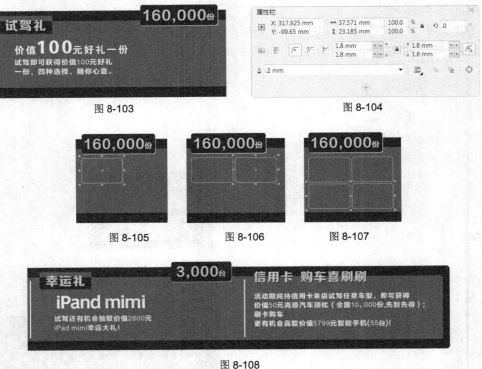

图 8-103   图 8-104

图 8-105   图 8-106   图 8-107

图 8-108

（23）选择"选择"工具，用圈选的方法将所有图形同时选取，按 Ctrl+G 组合键，群组图形，如图 8-109 所示。将其拖曳到适当的位置，效果如图 8-110 所示。再次单击图形使其处于旋转状态，向右拖曳上方中间的控制手柄到适当的位置，效果如图 8-111 所示。

图 8-109

图 8-110   图 8-111

（24）按 Ctrl+I 组合键，弹出"导入"对话框，打开光盘中的"Ch08 > 素材 > 汽车广告设计 >

08、09、10、11、12"文件，单击"导入"按钮，在页面中多次单击导入图片，选择"选择"工具 ，分别将其拖曳到适当的位置并调整其大小，效果如图 8-112 所示。

（25）选择"选择"工具 ，选取需要的图片。按数字键盘上的+键，复制图片，并将其拖曳到适当的位置，效果如图 8-113 所示。

图 8-112　　　　　　　　　　　　　　　　　图 8-113

8.1.5　制作标志文字

（1）选择"文本"工具 ，在页面上输入需要的文字，选择"选择"工具 ，在属性栏中选取适当的字体并设置文字大小，填充文字为白色，效果如图 8-114 所示。保持文字的选取状态。在"对象属性"泊坞窗中，选项的设置如图 8-115 所示，按 Enter 键，文字效果如图 8-116 所示。

图 8-114　　　　　　　　　　　图 8-115　　　　　　　　　　　图 8-116

（2）选择"选择"工具 ，按数字键盘上的+键，复制文字，拖曳到适当的位置，效果如图 8-117 所示。单击属性栏中的"垂直镜像"按钮 ，垂直翻转文字，效果如图 8-118 所示。

图 8-117　　　　　　　　　　　　　图 8-118

（3）选择"透明度"工具 ，在文字上从下向上拖曳光标添加透明效果，如图 8-119 所示。汽车广告制作完成，效果如图 8-120 所示。

图 8-119　　　　　　　　　　　　图 8-120

8.2　课后习题——红酒广告设计

习题知识要点

在 Photoshop 中，使用图层蒙版按钮和画笔工具制作图片的融合效果，使用图层样式命令为图片添加投影效果。在 CorelDRAW 中，使用矩形工具、文本工具和文本属性泊坞窗制作标志图形，使用文本工具和阴影工具制作宣传语。红酒广告设计效果如图 8-121 所示。

图 8-121

效果所在位置

光盘/Ch08/效果/红酒广告设计/红酒广告.cdr。

第9章 海报设计

　　海报是广告艺术中的一种大众化载体，又名"招贴"或"宣传画"。海报具有尺寸大、远视性强、艺术性高的特点，因此，在宣传媒介中占有重要的位置。本章以茶艺海报和儿童学习海报为例，讲解海报的设计方法和制作技巧。

课堂学习目标	／ 在Photoshop软件中制作海报背景图 ／ 在CorelDRAW软件中添加标题及相关 　信息

9.1 茶艺海报设计

案例学习目标

　　学习在 Photoshop 中使用蒙版、画笔工具和图层面板制作海报背景图。在 CorelDRAW 中使用描摹位图命令、文本工具和图形绘制工具添加标题及相关信息。

案例知识要点

　　在 Photoshop 中，使用添加蒙版命令、混合模式选项、不透明度选项和画笔工具制作图片的合成效果；使用黑白调整层制作图片的黑白效果。在 CorelDRAW 中，使用导入命令、描摹位图命令、取消群组按钮和填充工具制作宣传语；使用椭圆形工具、文本工具和文本属性面板制作其他相关信息。茶艺海报效果如图 9-1 所示。

效果所在位置

　　光盘/Ch09/效果/茶艺海报设计/茶艺海报.cdr。

图 9-1

Photoshop 应用

9.1.1 处理背景图片

　　（1）按 Ctrl+N 组合键，新建一个文件：宽度为 800mm，高度为 350mm，分辨率为 72 像素/英寸，颜色模式为 RGB，背景内容为白色。

　　（2）按 Ctrl+O 组合键，打开光盘中的"Ch09 > 素材 > 茶艺海报设计 > 01"文件，选择"移动"工具 ，将图片拖曳到图像窗口中适当的位置，如图 9-2 所示。在"图层"控制面板中生成新的图层并将其命名为"底图"。单击控制面板下方的"添加图层蒙版"按钮 ，为图层添加蒙版，如图 9-3 所示。

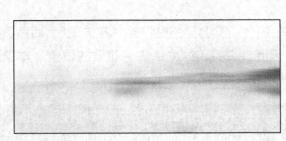

图 9-2　　　　　　　　　　　　　　　　图 9-3

（3）将前景色设为黑色。选择"画笔"工具 ，单击"画笔"选项右侧的按钮 ，在弹出的面板中选择需要的画笔形状，并设置适当的画笔大小，如图 9-4 所示。在图像窗口中擦除不需要的图像，效果如图 9-5 所示。

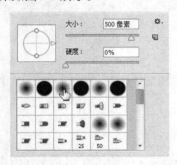
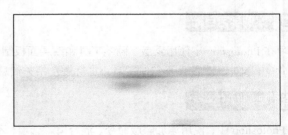

图 9-4　　　　　　　　　　　　　　　图 9-5

（4）按 Ctrl+O 组合键，打开光盘中的"Ch09 > 素材 > 茶艺海报设计 > 02"文件，选择"移动"工具 ，将图片拖曳到图像窗口中适当的位置，如图 9-6 所示。在"图层"控制面板中生成新的图层并将其命名为"纹理"。

图 9-6

（5）在"图层"控制面板上方，将"纹理"图层的混合模式选项设置为"正片叠底"，"不透明度"选项设为 50%，如图 9-7 所示，图像窗口中的效果如图 9-8 所示。

160

图 9-7　　　　　　　　　　　　　　　　图 9-8

（6）按 Ctrl+O 组合键，打开光盘中的"Ch09 > 素材 > 茶艺海报设计 > 03"文件，选择"移动"工具，将图片拖曳到图像窗口中适当的位置，如图 9-9 所示。在"图层"控制面板中生成新的图层并将其命名为"竹子"。

图 9-9

（7）在"图层"控制面板上方，将"竹子"图层的"不透明度"选项设为 15%，如图 9-10 所示，图像窗口中的效果如图 9-11 所示。

图 9-10　　　　　　　　　　　　　　　图 9-11

（8）按 Ctrl+O 组合键，打开光盘中的"Ch09 > 素材 > 茶艺海报设计 > 04"文件，选择"移动"工具，将图片拖曳到图像窗口中适当的位置，如图 9-12 所示。在"图层"控制面板中生成新的图层并将其命名为"荷花"。

（9）在"图层"控制面板上方，将"荷花"图层的"不透明度"选项设为 79%，如图 9-13 所示，图像窗口中的效果如图 9-14 所示。

图 9-12

图 9-13

图 9-14

（10）单击"图层"控制面板下方的"创建新的填充或调整图层"按钮，在弹出的菜单中选择"黑白"命令，在"图层"控制面板中生成"黑白 1"图层，同时弹出相应的调整面板，选项的设置如图 9-15 所示，按 Enter 键，效果如图 9-16 所示。

图 9-15

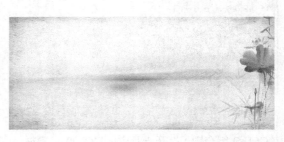

图 9-16

（11）按 Ctrl+O 组合键，打开光盘中的"Ch09 > 素材 > 茶艺海报设计 > 05"文件，选择"移动"工具，将图片拖曳到图像窗口中适当的位置，如图 9-17 所示。在"图层"控制面板中生成新的图层并将其命名为"墨迹"。

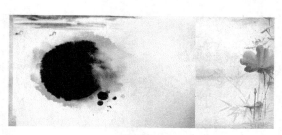

图 9-17

（12）在"图层"控制面板上方，将"墨迹"图层的混合模式选项设置为"正片叠底"，如图 9-18 所示，图像窗口中的效果如图 9-19 所示。单击"图层"控制面板下方的"添加图层蒙版"按钮 ，为图层添加蒙版，如图 9-20 所示。

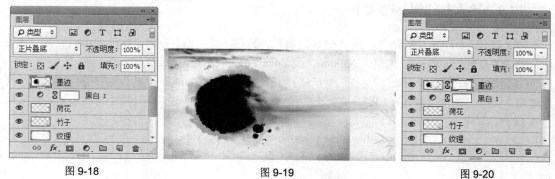

图 9-18　　　　　　　　　　图 9-19　　　　　　　　　　图 9-20

（13）选择"画笔"工具 ，单击"画笔"选项右侧的按钮 ，在弹出的面板中选择需要的画笔形状，并设置适当的画笔大小，如图 9-21 所示。在图像窗口中擦除不需要的图像，效果如图 9-22 所示。

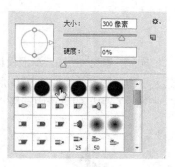

图 9-21

图 9-22

（14）按 Ctrl+O 组合键，打开光盘中的"Ch09 > 素材 > 茶艺海报设计 > 06、07、08"文件，选择"移动"工具 ，将图片拖曳到图像窗口中适当的位置，如图 9-23 所示。在"图层"控制面板中生成新的图层并分别将其命名为"纸张""茶杯"和"茶叶"。

（15）茶艺海报底图制作完成。按 Ctrl+Shift+E 组合键，合并可见图层。按 Ctrl+S 组合键，弹出"存储为"对话框，将其命名为"海报底图"，并保存为 TIFF 格式。单击"保存"按钮，弹出"TIFF 选项"对话框，单击"确定"按钮，将图像保存。

图 9-23

CorelDRAW 应用

9.1.2 导入并编辑标题文字

（1）打开 CorelDRAW 软件，按 Ctrl+N 组合键，新建一个页面。在属性栏的"页面度量"选项中分别设置宽度为 800mm，高度为 350mm，按 Enter 键，页面显示为设置的大小。

（2）按 Ctrl+I 组合键，弹出"导入"对话框，打开光盘中的"Ch09 > 效果 > 茶艺海报设计 > 海报底图"文件，单击"导入"按钮，在页面中单击导入图片。按 P 键，图片居中对齐页面，效果如图 9-24 所示。

图 9-24

（3）按 Ctrl+I 组合键，弹出"导入"对话框，选择光盘中的"Ch09 > 素材 > 茶艺海报设计 > 09"文件，单击"导入"按钮，在页面中单击导入图片，并调整其大小和位置，效果如图 9-25 所示。

（4）保持图片的选取状态，单击属性栏中的"描摹位图"按钮，在弹出的菜单中选择"快速描摹"命令，描摹文字，效果如图 9-26 所示。

图 9-25   图 9-26

（5）单击属性栏中的"取消组合所有对象"按钮 ，取消所有组合对象，效果如图 9-27 所示。选择"选择"工具 ，选取不需要的图形，如图 9-28 所示。按 Delete 键，删除选取的图像。再选取后方的图片，按 Delete 键，删除图片，效果如图 9-29 所示。用圈选的方法将需要的图形同时选取，单击属性栏中的"合并"按钮 ▣，合并图形，效果如图 9-30 所示。用相同的方法导入并编辑其他文字，效果如图 9-31 所示。

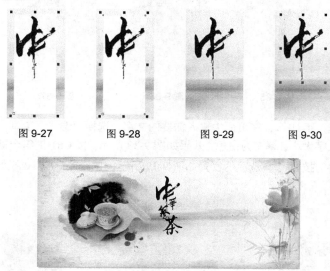

图 9-27　　　　图 9-28　　　　图 9-29　　　　图 9-30

图 9-31

（6）选择"选择"工具 ▶，选取需要的文字。按 F11 键，弹出"编辑填充"对话框，选择"渐变填充"按钮 ▣，将"起点"颜色的 CMYK 值设置为 69、0、100、0，"终点"颜色的 CMYK 值设置为 100、0、100、87，其他选项的设置如图 9-32 所示。单击"确定"按钮，填充图形，效果如图 9-33 所示。用相同的方法填充其他文字，效果如图 9-34 所示。

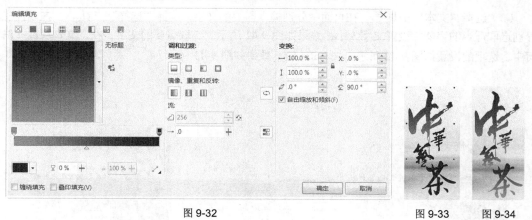

图 9-32　　　　　　　　　　　　　　　　　　图 9-33　　图 9-34

9.1.3　添加其他相关信息

（1）选择"椭圆形"工具 ◯，按住 Ctrl 键的同时，绘制一个圆形，填充图形为黑色，并去除图形的轮廓线，如图 9-35 所示。选择"选择"工具 ▶，按数字键盘上的+键，复制圆形，按住 Shift 键的同时，垂直向下拖曳到适当的位置，效果如图 9-36 所示。连续按两次 Ctrl+D 组合键，再复制两个图形，效果如图 9-37 所示。

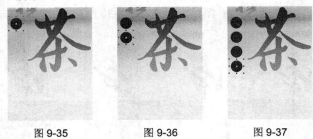

图 9-35 图 9-36 图 9-37

（2）选择"文本"工具 ，在页面中输入需要的文字，选择"选择"工具 ，在属性栏中选取适当的字体并设置文字大小，填充为白色，效果如图 9-38 所示。按 Ctrl+T 组合键，弹出"文本属性"泊坞窗，单击"段落"按钮 ，选项的设置如图 9-39 所示，按 Enter 键，效果如图 9-40 所示。

图 9-38 图 9-39 图 9-40

（3）选择"文本"工具 ，在页面中分别输入需要的文字，选择"选择"工具 ，在属性栏中分别选取适当的字体并设置文字大小，效果如图 9-41 所示。选取需要的文字，在"文本属性"泊坞窗中，选项的设置如图 9-42 所示，按 Enter 键，效果如图 9-43 所示。

图 9-41 图 9-42 图 9-43

（4）选择"文本"工具 ，在页面中拖曳文本框并输入需要的文字，选择"选择"工具 ，在属性栏中选取适当的字体并设置文字大小，效果如图 9-44 所示。

（5）选取需要的文本框，在"文本属性"泊坞窗中，选项的设置如图 9-45 所示，按 Enter 键，效果如图 9-46 所示。茶艺海报设计制作完成，效果如图 9-47 所示。

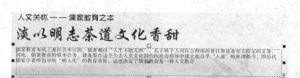

图 9-44

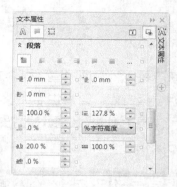

图 9-45

图 9-46

图 9-47

9.2　课后习题——圣诞节海报设计

习题知识要点

在 Photoshop 中，使用图层混合模式选项制作圣诞节海报底图。在 CorelDRAW 中，使用导入命令导入背景图片，使用文本工具和文本属性泊坞窗添加宣传文字，使用混合工具制作主体文字，使用转换为位图命令和高斯模糊命令制作阴影效果，使用矩形工具和透明度工具制作装饰线条。圣诞节海报设计效果如图 9-48 所示。

效果所在位置

光盘/Ch09/效果/圣诞节海报设计/圣诞节海报.cdr。

图 9-48

第 10 章 杂志设计

　　杂志是比较专项的宣传媒介之一，它具有目标受众准确、实效性强、宣传力度大、效果明显等特点。时尚生活类杂志的设计可以轻松、活泼、色彩丰富。版式内的图文编排可以灵活多变，但要注意把握风格的整体性。本章以时尚杂志为例，讲解杂志的设计方法和制作技巧。

课堂学习目标	/ 在Photoshop软件中制作杂志封面背景图
	/ 在CorelDRAW软件中制作并添加
	相关栏目和信息

10.1 杂志封面设计

📋 案例学习目标

　　学习在 Photoshop 中使用调整图层和滤镜命令制作杂志封面底图。在 CorelDRAW 中使用文本工具、对象属性面板和图形的绘制工具制作并添加相关栏目和信息。

📋 案例知识要点

　　在 Photoshop 中，使用滤镜制作光晕效果，使用曲线和照片滤镜调整层调整图片的颜色。在 CorelDRAW 中，根据杂志的尺寸，在属性栏中设置出页面的大小，使用文字工具和对象属性面板制作杂志名称和其他相关信息，使用矩形工具、椭圆形工具和透明度工具制作装饰图形，使用插入条形码命令插入条形码。杂志封面设计效果如图 10-1 所示。

📋 效果所在位置

　　光盘/Ch10/效果/杂志封面设计/杂志封面.cdr。

图 10-1

Photoshop 应用

10.1.1 调整背景底图

　　（1）按 Ctrl + N 组合键，新建一个文件：宽度为 20.5cm，高度为 27.5cm，分辨率为 150 像素/英寸，颜色模式为 RGB，背景内容为白色。

　　（2）按 Ctrl + O 组合键，打开光盘中的"Ch10 > 素材 > 杂志封面设计 > 01"文件，选择"移动"工具 ，将图片拖曳到图像窗口中适当的位置，如图 10-2 所示。在"图层"控制面板中生成新的图层并将其命名为"人物"。

（3）选择"滤镜 > 渲染 > 镜头光晕"命令，将光点拖曳到适当的位置，其他选项的设置如图 10-3 所示，单击"确定"按钮，效果如图 10-4 所示。

图 10-2　　　　　　　　　图 10-3　　　　　　　　　图 10-4

（4）单击"图层"控制面板下方的"创建新的填充或调整图层"按钮 ，在弹出的菜单中选择"曲线"命令，在"图层"控制面板中生成"曲线 1"图层，同时弹出相应的调整面板，单击添加调整点，将"输入"选项设为 80，"输出"选项设为 54，其他选项的设置如图 10-5 所示，按 Enter 键，效果如图 10-6 所示。

（5）单击"图层"控制面板下方的"创建新的填充或调整图层"按钮 ，在弹出的菜单中选择"照片滤镜"命令，在"图层"控制面板中生成"照片滤镜 1"图层，同时弹出相应的调整面板，选项的设置如图 10-7 所示，按 Enter 键，效果如图 10-8 所示。

图 10-5　　　　　　　　图 10-6　　　　　　　　图 10-7　　　　　　　　图 10-8

（6）杂志封面底图制作完成。按 Ctrl+Shift+E 组合键，合并可见图层。按 Ctrl+S 组合键，弹出"存储为"对话框，将其命名为"杂志封面底图"，并保存为 TIFF 格式。单击"保存"按钮，弹出"TIFF 选项"对话框，单击"确定"按钮，将图像保存。

CorelDRAW 应用

10.1.2　添加杂志名称

（1）打开 CorelDRAW 软件，按 Ctrl+N 组合键，新建一个页面。在属性栏的"页面度量"选项中分别设置宽度为 205mm，高度为 275mm，按 Enter 键，页面显示为设置的大小。

（2）按 Ctrl+I 组合键，弹出"导入"对话框，打开光盘中的"Ch10 > 效果 > 杂志封面设计 > 杂志封面底图"文件，单击"导入"按钮，在页面中单击导入图片，如图 10-9 所示。按 P 键，图片居中对齐页面，效果如图 10-10 所示。

图 10-9　　　　　　　　　图 10-10

（3）选择"文本"工具 ，在页面上输入需要的文字，选择"选择"工具 ，在属性栏中选取适当的字体并设置文字大小，设置填充颜色的 CMYK 值为 40、100、0、0，填充文字，效果如图 10-11 所示。

（4）按 Alt+Enter 组合键，弹出"对象属性"泊坞窗，单击"段落"按钮 ，弹出相应的泊坞窗，选项的设置如图 10-12 所示，按 Enter 键，文字效果如图 10-13 所示。

图 10-11　　　　　　　　图 10-12　　　　　　　　图 10-13

（5）选择"文本"工具 ，在页面上输入需要的文字，选择"选择"工具 ，在属性栏中选取适当的字体并设置文字大小，设置填充颜色的 CMYK 值为 40、100、0、0，填充文字，效果如图 10-14 所示。在"对象属性"泊坞窗中，选项的设置如图 10-15 所示，按 Enter 键，文字效果如图 10-16 所示。

图 10-14　　　　　　　　图 10-15　　　　　　　　图 10-16

（6）选择"文本"工具 ，在适当的位置输入需要的文字，选择"选择"工具 ，在属性栏中选取适当的字体并设置文字大小，效果如图 10-17 所示。

图 10-17

10.1.3 添加出版信息

（1）选择"文本"工具 字 ，在适当的位置分别输入需要的文字，选择"选择"工具 ，在属性栏中分别选取适当的字体并设置文字大小，效果如图 10-18 所示。选择"文本"工具 字 ，选取需要的文字，在属性栏中设置适当的文字大小，效果如图 10-19 所示。

图 10-18   图 10-19

（2）选择"选择"工具 ，选取需要的文字。在"对象属性"泊坞窗中，选项的设置如图 10-20 所示，按 Enter 键，文字效果如图 10-21 所示。选择"2 点线"工具 ，按住 Shift 键的同时，在适当的位置绘制直线，效果如图 10-22 所示。

图 10-20   图 10-21   图 10-22

10.1.4 添加相关栏目

（1）选择"文本"工具 字 ，在适当的位置分别输入需要的文字，选择"选择"工具 ，在属性栏中分别选取适当的字体并设置文字大小，效果如图 10-23 所示。选取需要的文字，设置填充颜色的 CMYK 值为 40、100、0、0，填充文字，效果如图 10-24 所示。

| 图 10-23 | 图 10-24 |

（2）保持文字的选取状态，在"对象属性"泊坞窗中，选项的设置如图 10-25 所示，按 Enter 键，文字效果如图 10-26 所示。

| 图 10-25 | 图 10-26 |

（3）选择"选择"工具 ，选取下方的文字。在"对象属性"泊坞窗中，选项的设置如图 10-27 所示，按 Enter 键，文字效果如图 10-28 所示。

| 图 10-27 | 图 10-28 |

（4）选择"椭圆形"工具 ，按住 Ctrl 键的同时，在适当的位置绘制圆形。设置填充颜色的 CMYK 值为 0、20、100、0，填充图形，并去除图形的轮廓线，效果如图 10-29 所示。选择"透明度"工具 ，单击"均匀透明度"按钮 ，其他选项的设置如图 10-30 所示，按 Enter 键，效果如图 10-31 所示。

图 10-29　　　　　　　　　图 10-30　　　　　　　图 10-31

（5）选择"文本"工具，在圆形上分别输入需要的文字，选择"选择"工具，在属性栏中分别选取适当的字体并设置文字大小，效果如图 10-32 所示。将输入的文字同时选取，单击属性栏中的"文本对齐"按钮，在弹出的面板中选择"居中"，文字的对齐效果如图 10-33 所示。再次单击文字，使其处于旋转状态，拖曳鼠标将其旋转到适当的角度，效果如图 10-34 所示。

图 10-32　　　　　　图 10-33　　　　　　图 10-34

（6）选择"文本"工具，在适当的位置分别输入需要的文字，选择"选择"工具，在属性栏中分别选取适当的字体并设置文字大小，效果如图 10-35 所示。按住 Shift 键的同时，将需要的文字同时选取，如图 10-36 所示。设置填充颜色的 CMYK 值为 40、100、0、0，填充文字，效果如图 10-37 所示。

图 10-35

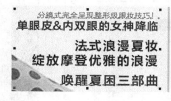

图 10-36　　　　　　　　图 10-37

（7）选择"选择"工具，选取需要的文字。在"对象属性"泊坞窗中，选项的设置如图 10-38

173

所示，按 Enter 键，文字效果如图 10-39 所示。用相同的方法调整其他文字，效果如图 10-40 所示。

图 10-38

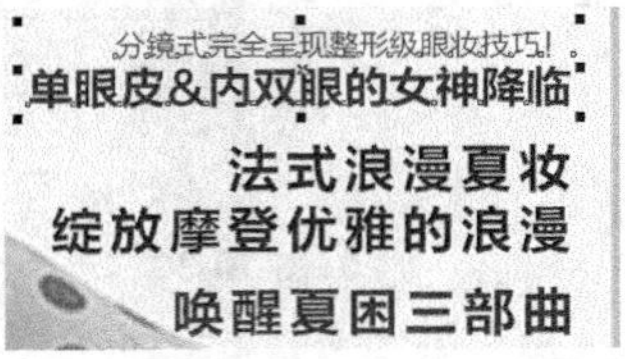

图 10-39

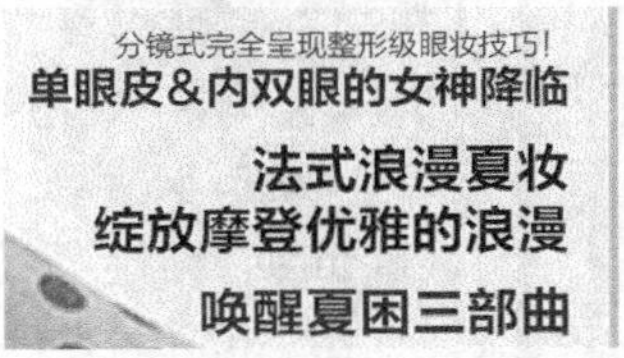

图 10-40

（8）选择"椭圆形"工具 ○，按住 Ctrl 键的同时，在适当的位置绘制圆形，填充图形为白色，并去除图形的轮廓线，效果如图 10-41 所示。选择"透明度"工具 ，单击"均匀透明度"按钮 ，其他选项的设置如图 10-42 所示，按 Enter 键，效果如图 10-43 所示。

图 10-41

图 10-42

图 10-43

（9）选择"椭圆形"工具 ○，按住 Ctrl 键的同时，在适当的位置绘制圆形。在"对象属性"泊坞窗中，选项的设置如图 10-44 所示，按 Enter 键，图形效果如图 10-45 所示。

（10）选择"文本"工具 ，在圆形上分别输入需要的文字，选择"选择"工具 ，在属性栏中分别选取适当的字体并设置文字大小。将输入的文字同时选取，单击属性栏中的"文本对齐"按钮 ，在弹出的面板中选择"居中"，文字的对齐效果如图 10-46 所示。

图 10-44

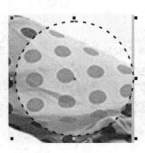

图 10-45

图 10-46

174

（11）选择"选择"工具 ，选取需要的文字。在"对象属性"泊坞窗中，选项的设置如图 10-47 所示，按 Enter 键，文字效果如图 10-48 所示。

图 10-47 　　　　　　　　　　图 10-48

（12）选择"基本形状"工具 ，单击属性栏中的"完美形状"按钮 ，在弹出的面板中选择需要的基本图形，如图 10-49 所示，在适当的位置绘制心形，如图 10-50 所示。

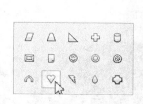

图 10-49 　　　　　　　　　　图 10-50

（13）选择"选择"工具 ，选取心形，设置填充颜色的 CMYK 值为 0、100、100、0，填充图形，并去除图形的轮廓线，效果如图 10-51 所示。按数字键盘上的+键，复制图形，并拖曳到适当的位置，效果如图 10-52 所示。

图 10-51 　　　　　　　　　　图 10-52

（14）选择"文本"工具 ，在适当的位置分别输入需要的文字，选择"选择"工具 ，在属性栏中分别选取适当的字体并设置文字大小，如图 10-53 所示。选取需要的文字，设置填充颜色的 CMYK 值为 40、100、0、0，填充文字，效果如图 10-54 所示。

图 10-53

图 10-54

（15）保持文字的选取状态。在"对象属性"泊坞窗中，选项的设置如图 10-55 所示，按 Enter 键，文字效果如图 10-56 所示。

图 10-55

图 10-56

（16）用相同的方法分别调整其他文字，效果如图 10-57 所示。选择"矩形"工具 □，绘制一个矩形，在属性栏中的"圆角半径" 框中设置数值为 1mm，按 Enter 键。填充图形为白色，并去除图形的轮廓线，效果如图 10-58 所示。连续按 Ctrl+PageDown 组合键，后移矩形，效果如图 10-59 所示。

图 10-57

图 10-58

图 10-59

（17）选择"透明度"工具，单击"均匀透明度"按钮，其他选项的设置如图 10-60 所示，按 Enter 键，效果如图 10-61 所示。

图 10-60　　　　　　　　　　　　　　　　图 10-61

（18）选择"选择"工具，选取圆角矩形，按数字键盘上的+键，复制圆角矩形，并将其拖曳到适当的位置，效果如图 10-62 所示。拖曳右侧中间的控制手柄到适当的位置，效果如图 10-63 所示。用相同的方法制作其他圆角矩形，效果如图 10-64 所示。

图 10-62　　　　　　　　　　　　　　　　图 10-63

图 10-64

（19）选择"3 点矩形"工具，在适当的位置绘制矩形，填充为黑色，并去除图形的轮廓线，效果如图 10-65 所示。用相同的方法绘制另一个矩形，效果如图 10-66 所示。选择"选择"工具，选取两个圆角矩形，按 Ctrl+G 组合键，群组图形，如图 10-67 所示。连续按 Ctrl+PageDown 组合键，后移矩形，效果如图 10-68 所示。

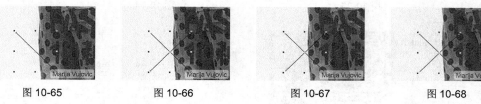

图 10-65　　　　　　图 10-66　　　　　　图 10-67　　　　　　图 10-68

（20）选择"文本"工具，在适当的位置分别输入需要的文字，选择"选择"工具，在属性栏中分别选取适当的字体并设置文字大小，如图 10-69 所示。选取需要的文字，填充文字为白色，效果如图 10-70 所示。

图 10-69　　　　　　　　　　　　　　　　图 10-70

177

（21）选取需要的文字，设置填充颜色的 CMYK 值为 0、20、100、0，填充文字，效果如图 10-71 所示。再次选取需要的文字，设置填充颜色的 CMYK 值为 40、100、0、0，填充文字，效果如图 10-72 所示。

图 10-71　　　　　　　　　　　　　　　　　　图 10-72

（22）保持文字的选取状态，在"对象属性"泊坞窗中，选项的设置如图 10-73 所示，按 Enter 键，文字效果如图 10-74 所示。用相同的方法调整其他文字，效果如图 10-75 所示。

（23）选择"矩形"工具 □，绘制一个矩形，在属性栏中的"圆角半径" 框中进行设置，如图 10-76 所示，按 Enter 键。填充图形为黑色，并去除图形的轮廓线，效果如图 10-77 所示。连续按 Ctrl+PageDown 组合键，后移矩形，效果如图 10-78 所示。

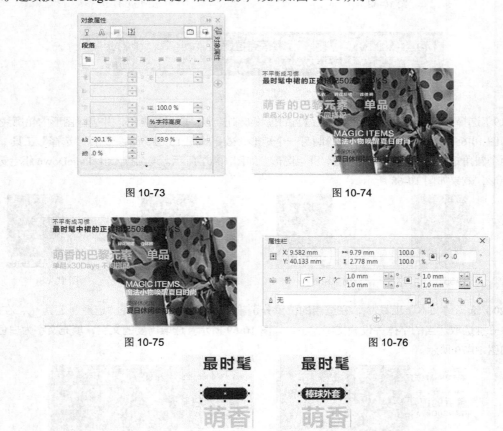

图 10-73　　　　　　　　　　　　　　　　　　图 10-74

图 10-75　　　　　　　　　　　　　　　　　　图 10-76

图 10-77　　　　　　　　　　　　　　　　　　图 10-78

（24）选择"透明度"工具 ，单击"均匀透明度"按钮 ，其他选项的设置如图 10-79 所示，按 Enter 键，效果如图 10-80 所示。用上述方法制作其他透明圆角矩形，效果如图 10-81 所示。

图 10-79

图 10-80

图 10-81

（25）选择"星形"工具 ，在属性栏中的"点数或边数" 5 框中设置数值为 5，"锐度" 53 框中设置数值为 40，在适当的位置绘制星形。设置填充颜色的 CMYK 值为 0、100、100、0，填充图形，并去除图形的轮廓线，效果如图 10-82 所示。用上述方法添加页面右下角的文字，效果如图 10-83 所示。

图 10-82

图 10-83

10.1.5　制作条形码

（1）选择"对象 > 插入条码"命令，弹出"条码向导"对话框，在各选项中按需要进行设置，如图 10-84 所示。设置好后，单击"下一步"按钮，在设置区内按需要进行设置，如图 10-85 所示。设置好后，单击"下一步"按钮，在设置区内按需要进行各项设置，如图 10-86 所示。设置好后，单击"完成"按钮，效果如图 10-87 所示。

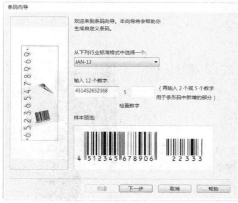

图 10-84

图 10-85

179

图 10-86

图 10-87

（2）选择"选择"工具 ，将条形码拖曳到适当的位置并调整其大小，效果如图 10-88 所示。杂志封面设计完成，效果如图 10-89 所示。

图 10-88

图 10-89

（3）按 Ctrl+S 组合键，弹出"保存图形"对话框，将制作好的图像命名为"杂志封面"，保存为 CDR 格式，单击"保存"按钮，将图像保存。

10.2　杂志栏目设计

📋 案例学习目标

学习在 CorelDRAW 中使用置入命令、文本工具、文本属性面板和文本绕图命令制作杂志栏目。

📋 案例知识要点

在 CorelDRAW 中，使用矩形工具绘制背景效果；使用文本工具和文本属性面板制作栏目内容；使用置入命令和图框精确剪裁命令添加主体图片；使用两点线工具绘制直线；使用文本换行命令制作文本绕图。杂志栏目设计效果如图 10-90 所示。

图 10-90

效果所在位置

光盘/Ch10/效果/杂志栏目.cdr。

CorelDRAW 应用

10.2.1　制作标题效果

（1）按 Ctrl+N 组合键，新建一个页面。在属性栏的"页面度量"选项中分别设置宽度为 210mm，高度为 285mm，按 Enter 键，页面尺寸显示为设置的大小。选择"矩形"工具 □，绘制一个矩形，设置矩形颜色的 CMYK 为 10、10、0、0，填充图形，并去除图形的轮廓线，效果如图 10-91 所示。

（2）选择"文本"工具 字，在页面上适当的位置分别输入需要的文字，选择"选择"工具 ▷，在属性栏中分别选取适当的字体并设置文字大小，效果如图 10-92 所示。

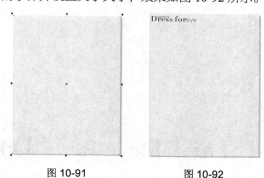

图 10-91　　　　　　　图 10-92

（3）选择"选择"工具 ▷，选取需要的文字。按 Ctrl+Enter 组合键，弹出"文本属性"泊坞窗，单击"段落"按钮 ▥，弹出相应的泊坞窗，选项的设置如图 10-93 所示，按 Enter 键，文字效果如图 10-94 所示。

图 10-93　　　　　　　图 10-94

（4）选择"选择"工具 ▷，选取需要的文字。在"文本属性"泊坞窗中，选项的设置如图 10-95 所示，按 Enter 键，文字效果如图 10-96 所示。

图 10-95　　　　　　　　　　　　　　　　图 10-96

（5）选择"选择"工具 ，选取需要的文字。在"文本属性"泊坞窗中，选项的设置如图 10-97 所示，按 Enter 键，文字效果如图 10-98 所示。拖曳到适当的位置，效果如图 10-99 所示。

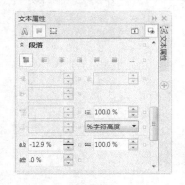

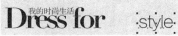

图 10-97　　　　　　　　　　　图 10-98　　　　　　　　　　　图 10-99

10.2.2　添加主体图片

（1）按 Ctrl+I 组合键，弹出"导入"对话框，打开光盘中的"Ch10 > 素材 > 杂志栏目设计 > 01"文件，单击"导入"按钮，在页面中单击导入图片，选择"选择"工具 ，将其拖曳到适当的位置并调整其大小，效果如图 10-100 所示。选择"矩形"工具 ，绘制一个矩形，如图 10-101 所示。

图 10-100　　　　　　　　　　　　　图 10-101

（2）选择"选择"工具 ，选取图片。选择"效果 > 图框精确剪裁 > 放置在容器中"命令，鼠标光标变为黑色箭头在矩形上单击，如图 10-102 所示，将图片置入矩形中，去除图形的轮廓线，效果如图 10-103 所示。

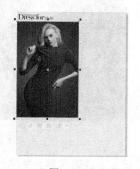

图 10-102　　　　　　　　　图 10-103

10.2.3　添加栏目信息

（1）选择"文本"工具 ，在页面上适当的位置分别输入需要的文字，选择"选择"工具 ，在属性栏中分别选取适当的字体并设置文字大小，效果如图 10-104 所示。

（2）选取需要的文字，设置填充颜色的 CMYK 值为 0、100、100、15，填充文字，效果如图 10-105 所示。

图 10-104　　　　　　　　　　　　　　图 10-105

（3）选择"选择"工具 ，选取需要的文字。在"文本属性"泊坞窗中，选项的设置如图 10-106 所示，按 Enter 键，文字效果如图 10-107 所示。选择"两点线"工具 ，按住 Shift 键的同时，在适当的位置绘制直线，如图 10-108 所示。

图 10-106　　　　　　　　　　　　图 10-107

图 10-108

（4）选择"选择"工具 ，选取需要的文字。在"文本属性"泊坞窗中，选项的设置如图 10-109 所示，按 Enter 键，文字效果如图 10-110 所示。

图 10-109　　　　　　　　　　　　图 10-110

（5）选择"选择"工具 ，选取需要的文字。在"文本属性"泊坞窗中，选项的设置如图 10-111 所示，按 Enter 键，文字效果如图 10-112 所示。

图 10-111　　　　　　　　　　　　图 10-112

（6）选择"选择"工具 ，选取需要的文字。在"文本属性"泊坞窗中，选项的设置如图 10-113 所示，按 Enter 键，文字效果如图 10-114 所示。

（7）选择"两点线"工具 ，按住 Shift 键的同时，在适当的位置绘制直线。在属性栏中的"轮廓宽度" .2 mm 框中设置数值为 2mm，按 Enter 键，效果如图 10-115 所示。

图 10-113

图 10-114

图 10-115

10.2.4　添加其他栏目信息

（1）选择"文本"工具 ，在页面上适当的位置分别输入需要的文字，选择"选择"工具 ，在属性栏中分别选取适当的字体并设置文字大小，效果如图 10-116 所示。

图 10-116

（2）选择"选择"工具 ，选取需要的文字。在"文本属性"泊坞窗中，选项的设置如图 10-117 所示，按 Enter 键，文字效果如图 10-118 所示。

图 10-117

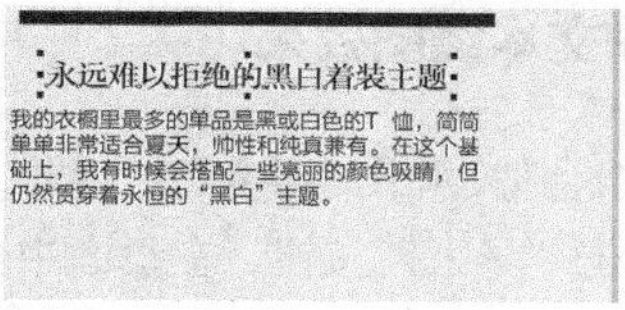

图 10-118

（3）选择"椭圆形"工具 ○，按住 Shift 键的同时，绘制一个圆形。设置轮廓线颜色的 CMYK 值为 0、100、100、15，填充轮廓线，如图 10-119 所示。在属性栏中的"轮廓宽度"  框中设置数值为 0.5mm，按 Enter 键，效果如图 10-120 所示。

图 10-119　　　　　　　图 10-120

（4）选择"选择"工具 ▶，选取需要的文字。在"文本属性"泊坞窗中，选项的设置如图 10-121 所示，按 Enter 键，文字效果如图 10-122 所示。

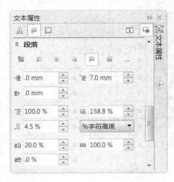

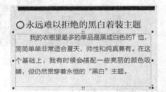

图 10-121　　　　　　　图 10-122

（5）选择"矩形"工具 □，绘制一个矩形。设置矩形颜色的 CMYK 值为 10、10、0、0，填充图形，并去除图形的轮廓线，效果如图 10-123 所示。用上述方法添加其他文字，效果如图 10-124 所示。

图 10-123　　　　　　　图 10-124

10.2.5　制作文本绕图效果

（1）按 Ctrl+I 组合键，弹出"导入"对话框，打开光盘中的"Ch10 > 素材 > 杂志栏目设计 > 02、03、04"文件，单击"导入"按钮，在页面中分别单击导入图片，选择"选择"工具 ▶，分别将其拖曳到适当的位置并调整其大小，效果如图 10-125 所示。

（2）选取需要的图片，单击属性栏中的"文本换行"按钮 ，在弹出的面板中选择需要的选项，如图 10-126 所示，效果如图 10-127 所示。

| 图 10-125 | 图 10-126 | 图 10-127 |

（3）选取需要的图片，单击属性栏中的"文本换行"按钮 ，在弹出的面板中选择需要的选项，如图 10-128 所示，效果如图 10-129 所示。杂志栏目设计完成，效果如图 10-130 所示。

| 图 10-128 | 图 10-129 | 图 10-130 |

10.3　化妆品栏目设计

案例学习目标

学习在 CorelDRAW 中使用置入命令、文本工具、文本属性面板和交互式工具制作化妆品栏目。

案例知识要点

在 CorelDRAW 中，使用矩形工具和图框精确剪裁命令制作主体图片，使用阴影命令为图片添加阴影效果，使用椭圆形工具、复制命令和混合工具制作小标签，使用文字工具和文本属性面板制作添加栏目内容，使用矩形工具和贝塞尔工具绘制其他图形。化妆品栏目设计效果如图 10-131 所示。

图 10-131

187

📓 **效果所在位置**

光盘/Ch10/效果/化妆品栏目.cdr。

CorelDRAW 应用

10.3.1　置入并编辑图片

（1）按 Ctrl+O 组合键，弹出"打开图形"对话框，选择"Ch10 > 效果 > 杂志栏目"文件，单击"打开"按钮，打开文件。选择"选择"工具 🔖，选取需要的图形和文字，如图 10-132 所示。按 Ctrl+C 组合键，复制图形。

（2）按 Ctrl+N 组合键，新建一个页面。在属性栏的"页面度量"选项中分别设置宽度为 210mm，高度为 285mm，按 Enter 键，页面尺寸显示为设置的大小。按 Ctrl+V 组合键，粘贴图形，效果如图 10-133 所示。选择"文本"工具 字，选取要修改的文字进行修改，效果如图 10-134 所示。

図 10-132　　　　　　　　図 10-133　　　　　　　　图 10-134

（3）按 Ctrl+I 组合键，弹出"导入"对话框，打开光盘中的"Ch10 > 素材 > 化妆品栏目设计 > 01"文件，单击"导入"按钮，在页面中单击导入图片，选择"选择"工具 🔖，将其拖曳到适当的位置并调整其大小，效果如图 10-135 所示。选择"矩形"工具 🔲，绘制一个矩形，如图 10-136 所示。

図 10-135　　　　　　　図 10-136

（4）选择"选择"工具 🔖，选取图片。选择"效果 > 图框精确剪裁 > 放置在容器中"命令，鼠标光标变为黑色箭头在矩形上单击，如图 10-137 所示，将图片置入矩形中，去除图形的轮廓线，效果如图 10-138 所示。

图 10-137　　　　　　　　图 10-138

（5）按 Ctrl+I 组合键，弹出"导入"对话框，打开光盘中的"Ch10 > 素材 > 化妆品栏目设计 > 02、03、04、05、06"文件，单击"导入"按钮，在页面中单击导入图片，选择"选择"工具，将其拖曳到适当的位置并调整其大小，效果如图 10-139 所示。

（6）选取需要的图片。选择"阴影"工具，在图片上由上至下拖曳光标，为图片添加阴影效果。其他选项的设置如图 10-140 所示，按 Enter 键，效果如图 10-141 所示。用相同的方法为其他图片添加阴影效果，如图 10-142 所示。

图 10-139　　　　　　　　　　　　　图 10-140

图 10-141　　　　　　　　图 10-142

10.3.2　添加小标签

（1）选择"椭圆形"工具，按住 Ctrl 键的同时，绘制一个圆形。设置圆形颜色的 CMYK 为 0、100、100、0，填充图形，并去除图形的轮廓线，效果如图 10-143 所示。选择"选择"工具，按数字键盘上的+键，复制圆形。按住 Shift 键的同时，向内拖曳控制手柄，等比例缩小图形。设置圆形颜色的 CMYK 为 0、0、100、0，填充图形，效果如图 10-144 所示。

图 10-143　　　　　图 10-144

（2）选择"调和"工具 ，在两个圆形之间拖曳鼠标制作调和效果，属性栏中的设置如图 10-145 所示，按 Enter 键，效果如图 10-146 所示。

图 10-145　　　　　　　　　　图 10-146

（3）选择"文本"工具 ，在页面上适当的位置输入需要的文字，选择"选择"工具 ，在属性栏中选取适当的字体并设置文字大小，效果如图 10-147 所示。用相同的方法制作其他标签，效果如图 10-148 所示。

图 10-147　　　　　　　图 10-148

10.3.3　添加其他信息

（1）选择"文本"工具 ，在页面上适当的位置分别输入需要的文字，选择"选择"工具 ，在属性栏中分别选取适当的字体并设置文字大小。选取适当的位置，填充为白色，效果如图 10-149 所示。选择"文本"工具 字，选取需要的文字，填充为黑色，效果如图 10-150 所示。

图 10-149　　　　　　　　　　　图 10-150

（2）保持文字的选取状态，在"文本属性"泊坞窗中，选项的设置如图 10-151 所示，按 Enter 键，文字效果如图 10-152 所示。

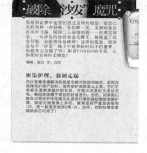

图 10-151　　　　　　　　　　　图 10-152

（3）选择"选择"工具 ，选取需要的文字，如图 10-153 所示。在"文本属性"泊坞窗中，选项的设置如图 10-154 所示，按 Enter 键，文字效果如图 10-155 所示。

图 10-153　　　　　　图 10-154　　　　　　图 10-155

（4）选择"选择"工具 ，选取需要的文字。选择"轮廓图"工具 ，向左侧拖曳光标，为图形添加轮廓化效果。在属性栏中将"填充色"选项颜色的 CMYK 值设为 0、60、100、0，其他选项的设置如图 10-156 所示，按 Enter 键，效果如图 10-157 所示。

图 10-156   图 10-157

（5）选择"选择"工具 ，选取需要的文字。在"文本属性"泊坞窗中，选项的设置如图 10-158 所示，按 Enter 键，文字效果如图 10-159 所示。用相同方法制作右上方和右下方的文字效果，如图 10-160 和图 10-161 所示。

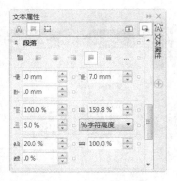

图 10-158   图 10-159

图 10-160   图 10-161

10.3.4　绘制其他装饰图形

（1）选择"贝塞尔"工具 ，在适当的位置绘制需要的图形，设置图形填充颜色的 CMYK 值为 0、40、20、0，填充图形，并去除图形的轮廓线，效果如图 10-162 所示。选择"矩形"工具 ，在适当的位置绘制一个矩形。

（2）设置图形颜色的 CMYK 值为 0、60、100、0，填充图形，并去除图形的轮廓线。在属性栏中的"圆角半径" ⌗ 框中设置数值为 3mm，"轮廓宽度" ⌗ .2 mm ▾ 框中设置数值为 0.75mm，如图 10-163 所示，按 Enter 键，效果如图 10-164 所示。

图 10-162

图 10-163

图 10-164

（3）选择"选择"工具 ⌗ ，选取圆角矩形，连续按 Ctrl+PageDown 组合键，后移到适当的位置，效果如图 10-165 所示。化妆品栏目设计制作完成，效果如图 10-166 所示。

图 10-165

图 10-166

10.4　旅游栏目设计

📋 **案例学习目标**

学习在 CorelDRAW 中使用图框精确剪裁命令、文本工具、文本属性面板和交互式工具制作旅游栏目。

 案例知识要点

在 CorelDRAW 中，使用基本形状工具和形状工具绘制需要的形状。使用矩形工具、椭圆形工具、置入命令和图框精确剪裁命令编辑置入的图片，使用贝塞尔工具和轮廓笔工具绘制装饰线条，使用文字工具和文本属性面板制作标题和内容文字，旅游栏目效果如图 10-167 所示。

效果所在位置

光盘/Ch10/效果/旅游栏目.cdr。

CorelDRAW 应用

10.4.1　制作栏目标题

图 10-167

（1）按 Ctrl+O 组合键，弹出"打开图形"对话框，选择"Ch10 > 效果 > 化妆品栏目设计"文件，单击"打开"按钮，打开文件。选择"选择"工具，按住 Shift 键的同时，选取需要的图形和文字，如图 10-168 所示。按 Ctrl+C 组合键，复制图形。

（2）按 Ctrl+N 组合键，新建一个页面。在属性栏的"页面度量"选项中分别设置宽度为 210mm，高度为 285mm，按 Enter 键，页面尺寸显示为设置的大小。按 Ctrl+V 组合键，粘贴图形，效果如图 10-169 所示。选择"文本"工具，选取要修改的文字，如图 10-170 所示，进行修改，效果如图 10-171 所示。

图 10-168

图 10-169

图 10-170

图 10-171

（3）选择"文本"工具，在页面上适当的位置分别输入需要的文字，选择"选择"工具，在属性栏中分别选取适当的字体并设置文字大小，效果如图 10-172 所示。选择"选择"工具，选取需要的文字。按 Ctrl+T 组合键，弹出"文本属性"泊坞窗，单击"段落"按钮，弹出相应的泊坞窗，选项的设置如图 10-173 所示，按 Enter 键，文字效果如图 10-174 所示。

图 10-172　　　　　　　　　图 10-173　　　　　　　　　图 10-174

（4）选择"选择"工具 ，选取需要的文字。在"文本属性"泊坞窗中，选项的设置如图 10-175 所示，按 Enter 键，文字效果如图 10-176 所示。

（5）选择"文本"工具 ，在页面上适当的位置拖曳文本框输入需要的文字，选择"选择"工具 ，在属性栏中分别选取适当的字体并设置文字大小，效果如图 10-177 所示。

图 10-175　　　　　　　　　图 10-176　　　　　　　　　图 10-177

（6）保持文字的选取状态。在"文本属性"泊坞窗中，选项的设置如图 10-178 所示，按 Enter 键，文字效果如图 10-179 所示。

（7）选择"矩形"工具 ，绘制一个矩形，填充为黑色，并去除图形的轮廓线，效果如图 10-180 所示。

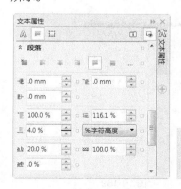

图 10-178　　　　　　　　　图 10-179　　　　　　　　　图 10-180

10.4.2　添加栏目内容

（1）选择"基本形状"工具，在属性栏中的"完美形状"按钮下选择需要的基本图形，如图 10-181 所示，拖曳鼠标绘制需要的图形，如图 10-182 所示。单击属性栏中的"垂直镜像"按钮，垂直翻转图形，效果如图 10-183 所示。

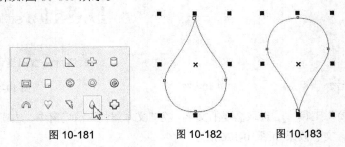

图 10-181　　　　　图 10-182　　　　　图 10-183

（2）保持图形的选取状态，选择"形状"工具，选取下方的锚点，如图 10-184 所示，分别拖曳控制手柄到适当的位置，效果如图 10-185 所示。设置图形填充颜色的 CMYK 值为 0、20、0、0，填充图形，并去除图形的轮廓线，拖曳到适当的位置，效果如图 10-186 所示。

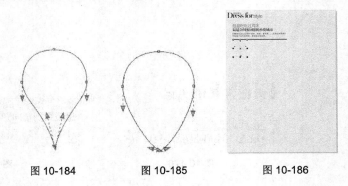

图 10-184　　　　　图 10-185　　　　　图 10-186

（3）选择"矩形"工具，在页面中适当的位置绘制一个矩形。设置图形颜色的 CMYK 值为 0、30、20、0，填充图形，并去除图形的轮廓线，效果如图 10-187 所示。选择"效果 > 图框精确剪裁 > 放置在容器中"命令，鼠标光标变为黑色箭头在图形上单击，如图 10-188 所示，将图片置入图形中，效果如图 10-189 所示。

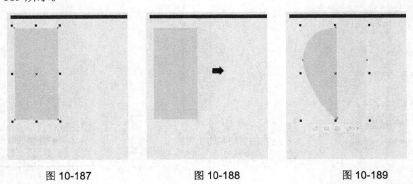

图 10-187　　　　　图 10-188　　　　　图 10-189

（4）按 Ctrl+I 组合键，弹出"导入"对话框，打开光盘中的"Ch10 > 素材 > 旅游栏目设计 > 01"文件，单击"导入"按钮，在页面中单击导入图片，选择"选择"工具，将其拖曳到适当的位置并调整其大小，效果如图 10-190 所示。选择"椭圆形"工具，按住 Ctrl 键的同时，绘制一个圆形，如图 10-191 所示。

（5）选择"选择"工具，选取下方的图片。选择"效果 > 图框精确剪裁 > 放置在容器中"命令，鼠标光标变为黑色箭头在图形上单击，如图 10-192 所示，将图片置入图形中，去除图形的轮廓线，效果如图 10-193 所示。

图 10-190　　　　　　　　　图 10-191　　　　　　　　　图 10-192　　　　　　　　　图 10-193

（6）选择"文本"工具，在页面上适当的位置分别输入需要的文字，选择"选择"工具，在属性栏中分别选取适当的字体并设置文字大小，效果如图 10-194 所示。选取需要的文字，设置填充颜色的 CMYK 值为 0、0、0、80，填充文字，效果如图 10-195 所示。

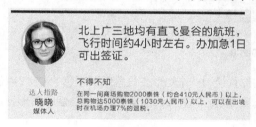 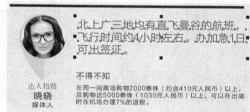

图 10-194　　　　　　　　　　　　　　　　　图 10-195

（7）保持文字的选取状态。在"文本属性"泊坞窗中，选项的设置如图 10-196 所示，按 Enter 键，文字效果如图 10-197 所示。

图 10-196　　　　　　　　　　　图 10-197

（8）选取需要的文本框，在"文本属性"泊坞窗中，选项的设置如图 10-198 所示，按 Enter 键，文字效果如图 10-199 所示。

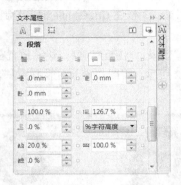

图 10-198   图 10-199

（9）选择"选择"工具，选取需要的文字，再次单击文字使其处于选取状态，向右拖曳上方中间的控制手柄到适当的位置，效果如图 10-200 所示。

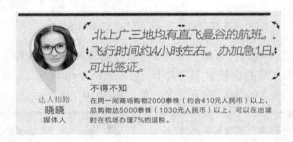

图 10-200

（10）选择"矩形"工具，在页面中适当的位置绘制一个矩形。设置图形颜色的 CMYK 值为 20、0、0、20，填充图形，效果如图 10-201 所示。连续按 Ctrl+PageDown 组合键，后移图形到适当的位置，效果如图 10-202 所示。

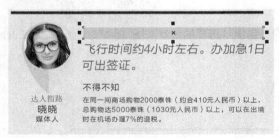

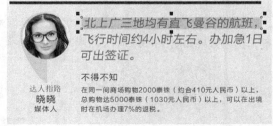

图 10-201   图 10-202

（11）选择"选择"工具，选取矩形，按数字键盘上的+键，复制矩形，拖曳到适当的位置，效果如图 10-203 所示。按 Ctrl+D 组合键，再次复制矩形，效果如图 10-204 所示。

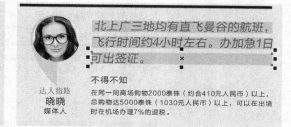

图 10-203　　　　　　　　　　　　图 10-204

10.4.3　添加图片和相关信息

（1）按 Ctrl+I 组合键，弹出"导入"对话框，打开光盘中的"Ch10 > 素材 > 旅游栏目设计 > 02"文件，单击"导入"按钮，在页面中单击导入图片，选择"选择"工具 ，将其拖曳到适当的位置并调整其大小，效果如图 10-205 所示。选择"矩形"工具 ，在页面中适当的位置绘制一个矩形，如图 10-206 所示。

图 10-205　　　　　　　　　　　　图 10-206

（2）选择"选择"工具 ，选取下方的图片。选择"效果 > 图框精确剪裁 > 放置在容器中"命令，鼠标光标变为黑色箭头，在图形上单击，如图 10-207 所示，将图片置入图形中，去除图形的轮廓线，效果如图 10-208 所示。

图 10-207　　　　　　　　　　　　图 10-208

（3）选择"文本"工具 ，在页面上适当的位置分别输入需要的文字，选择"选择"工具 ，在属性栏中分别选取适当的字体并设置文字大小，效果如图 10-209 所示。

199

图 10-209

（4）选取需要的文字，在"文本属性"泊坞窗中，选项的设置如图 10-210 所示，按 Enter 键，文字效果如图 10-211 所示。

图 10-210

图 10-211

（5）用圈选的方法选取需要的文本框，在"文本属性"泊坞窗中，选项的设置如图 10-212 所示，按 Enter 键，文字效果如图 10-213 所示。

图 10-212

图 10-213

（6）按 Ctrl+I 组合键，弹出"导入"对话框，打开光盘中的"Ch09 > 素材 > 旅游栏目设计 > 02"文件，单击"导入"按钮，在页面中单击导入图片，选择"选择"工具 ，将其拖曳到适当的位置并调整其大小，效果如图 10-214 所示。

图 10-214

（7）选择"矩形"工具 □，在页面中适当的位置绘制一个矩形，如图 10-215 所示。选择"选择"工具 ，选取下方的图片。选择"效果 > 图框精确剪裁 > 放置在容器中"命令，鼠标光标变为黑色箭头，在图形上单击，如图 10-216 所示，将图片置入图形中，去除图形的轮廓线，效果如图 10-217 所示。

图 10-215

图 10-216

图 10-217

（8）选择"贝塞尔"工具 ，在适当的位置绘制需要的曲线，如图 10-218 所示。按 F12 键，弹出"轮廓笔"对话框，将"颜色"选项的 CMYK 值设置为 60、0、20、0，选择需要的样式和终止箭头形状，单击下方的"选项"按钮，在弹出的菜单中选择"属性"选项，弹出"箭头属性"对话框，其他选项的设置如图 10-219 示，单击"确定"按钮。返回"轮廓笔"对话框，其他选项的设置如图 10-220 所示，单击"确定"按钮，效果如图 10-221 所示。

图 10-218

图 10-219

图 10-220

图 10-221

10.4.4 制作其他栏目名称

（1）选择"文本"工具 字，在页面上适当的位置分别输入需要的文字，选择"选择"工具 ，在属性栏中分别选取适当的字体并设置文字大小，效果如图 10-222 所示。再次单击文字使其处于旋转状态，向右拖曳上方中间的控制手柄，效果如图 10-223 所示。

图 10-222

图 10-223

202

（2）选择"矩形"工具 ▢，在页面中适当的位置绘制一个矩形。设置图形轮廓线颜色的 CMYK 值为 60、0、20、20，填充轮廓线，效果如图 10-224 所示。

图 10-224

（3）选择"矩形"工具 ▢，在页面中适当的位置绘制一个矩形。设置图形填充颜色的 CMYK 值为 60、0、20、20，填充图形，并去除图形的轮廓线，效果如图 10-225 所示。用相同的方法绘制下方的矩形，效果如图 10-226 所示。

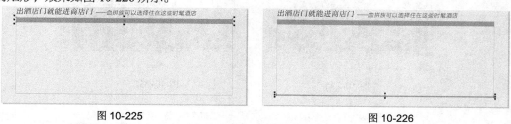

图 10-225　　　　　　　　　　　　　图 10-226

（4）按 Ctrl+I 组合键，弹出"导入"对话框，打开光盘中的"Ch10 ＞ 素材 ＞ 旅游栏目设计 ＞02"文件，单击"导入"按钮，在页面中单击导入图片，选择"选择"工具 ▷，将其拖曳到适当的位置并调整其大小，效果如图 10-227 所示。

（5）选择"矩形"工具 ▢，在页面中适当的位置绘制一个矩形，如图 10-228 所示。选择"选择"工具 ▷，选取下方的图片。选择"效果 ＞ 图框精确剪裁 ＞ 放置在容器中"命令，鼠标光标变为黑色箭头，在图形上单击，如图 10-229 所示，将图片置入图形中，去除图形的轮廓线，效果如图 10-230 所示。

图 10-227

图 10-228　　　　　　　图 10-229　　　　　　　图 10-230

（6）按 Ctrl+I 组合键，弹出"导入"对话框，打开光盘中的"Ch10 > 素材 > 旅游栏目设计 > 02"文件，单击"导入"按钮，在页面中单击导入图片，选择"选择"工具，将其拖曳到适当的位置并调整其大小，效果如图 10-231 所示。

（7）选择"矩形"工具，在页面中适当的位置绘制一个矩形，如图 10-232 所示。选择"选择"工具，选取下方的图片。选择"效果 > 图框精确剪裁 > 放置在容器中"命令，鼠标光标变为黑色箭头，在图形上单击，如图 10-233 所示，将图片置入图形中，去除图形的轮廓线，效果如图 10-234所示。

图 10-231

图 10-232

图 10-233

图 10-234

（8）选择"文本"工具，在页面上适当的位置分别输入需要的文字，选择"选择"工具，在属性栏中分别选取适当的字体并设置文字大小，效果如图 10-235 所示。

图 10-235

（9）选取需要的文字，在"文本属性"泊坞窗中，选项的设置如图 10-236 所示，按 Enter 键，文字效果如图 10-237 所示。

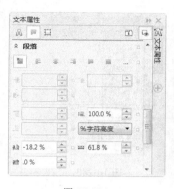

图 10-236

图 10-237

（10）选取需要的文本框，在"文本属性"泊坞窗中，选项的设置如图 10-238 所示，按 Enter 键，文字效果如图 10-239 所示。

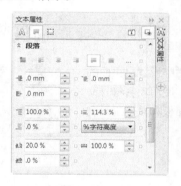

图 10-238

图 10-239

（11）选择"两点线"工具 ，按住 Shift 键的同时，在适当的位置绘制直线。设置图形轮廓线颜色的 CMYK 值为 0、0、0、40，填充轮廓线，如图 10-240 所示。在属性栏中的"轮廓宽度" .2 mm 框中设置数值为 0.5mm，按 Enter 键，效果如图 10-241 所示。用相同的方法制作右侧的文字，效果如图 10-242 所示。旅游栏目设计完成，效果如图 10-243 所示。

图 10-240

图 10-241

图 10-242 图 10-243

10.5　课后习题——美食栏目设计

📖 习题知识要点

在 CorelDRAW 中，根据杂志的尺寸，在属性栏中设置出页面的大小，使用复制粘贴命令和文本工具制作栏目标题，使用项目符号命令为文字添加项目符号，使用表格工具、对象属性面板和星形工具制作介绍表格。美食栏目设计效果如图 10-244 所示。

📖 效果所在位置

光盘/Ch10/效果/美食栏目设计.cdr。

图 10-244

第 11 章　包装设计

　　包装代表着一个商品的品牌形象。好的包装可以让商品在同类产品中脱颖而出，吸引消费者的注意力并引发其购买行为。包装可以起到保护、美化商品及传达商品信息的作用。好的包装更可以极大地提高商品的价值。本章以薯片包装设计为例，讲解包装的设计方法和制作技巧。

课堂学习目标	/ 在Photoshop软件中制作包装立体效果图
	/ 在CorelDRAW软件中制作包装平面展开图

11.1　薯片包装设计

案例学习目标

　　学习在 Photoshop 中使用钢笔工具和画笔工具制作包装立体效果。在 CorelDRAW 中使用绘图工具、文本工具和对象属性面板添加包装内容及相关信息。

案例知识要点

　　在 CorelDRAW 中，使用矩形工具、形状工具和图框精确剪裁命令制作背景底图，使用文本工具和对象属性面板添加包装的相关信息，使用艺术笔工具添加装饰笔触，使用导入命令导入需要的图片，使用椭圆形工具、对象属性面板、星形工具和贝塞尔工具制作标牌。在 Photoshop 中，使用图案填充工具填充背景底图，使用钢笔工具、画笔工具和模糊滤镜制作立体效果。薯片包装设计效果如图 11-1 所示。

图 11-1

效果所在位置

　　光盘/Ch11/效果/薯片包装设计/薯片包装.cdr。

CorelDRAW 应用

11.1.1　制作背景底图

　　（1）打开 CorelDRAW 软件，按 Ctrl+N 组合键，新建一个页面，如图 11-2 所示。选择"矩形"工具 □，在适当的位置绘制矩形，设置图形颜色的 CMYK 值为 75、20、0、0，填充图形，并去除图形的轮廓线，效果如图 11-3 所示。

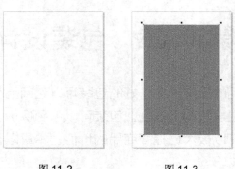

图 11-2   图 11-3

（2）选择"矩形"工具 □，在适当的位置绘制矩形，如图 11-4 所示。按 Ctrl+Q 组合键，将矩形转化为曲线。选择"形状"工具 ，向上拖曳右下角的节点到适当的位置，效果如图 11-5 所示。

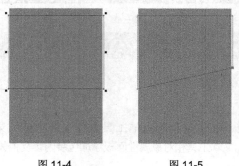

图 11-4   图 11-5

（3）选择"选择"工具 ，选取图形，填充为白色，并去除图形的轮廓线，效果如图 11-6 所示。选择"对象 > 图框精确剪裁 > 置于图文框内部"命令，鼠标光标变为黑色箭头形状，在背景图形上单击鼠标，将图形置入背景图形中，效果如图 11-7 所示。

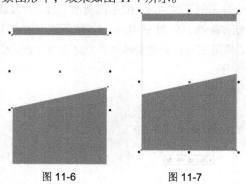

图 11-6   图 11-7

11.1.2 制作主体文字

（1）选择"文本"工具 ，在页面上输入需要的文字，选择"选择"工具 ，在属性栏中选取适当的字体并设置文字大小，效果如图 11-8 所示。按 Alt+Enter 组合键，弹出"对象属性"泊坞窗，单击"段落"按钮 ，弹出相应的泊坞窗，选项的设置如图 11-9 所示，按 Enter 键，文字效果如图

11-10 所示。

图 11-8　　　　　　　　　　图 11-9　　　　　　　　　　图 11-10

（2）按 Ctrl+I 组合键，弹出"导入"对话框，打开光盘中的"Ch11 > 素材 > 薯片包装设计 > 01"文件，单击"导入"按钮，在页面中单击导入图片，选择"选择"工具 ，将其拖曳到适当的位置并调整其大小，效果如图 11-11 所示。再次单击图片，使其处于旋转状态，旋转到适当的角度，效果如图 11-12 所示。

图 11-11　　　　　　　图 11-12

（3）选择"选择"工具 ，选取文字，按数字键盘上的+键，复制文字，并将其拖曳到适当的位置，效果如图 11-13 所示。单击属性栏中的"水平镜像"按钮 和"垂直镜像"按钮 ，翻转文字，效果如图 11-14 所示。

图 11-13　　　　　　　图 11-14

（4）选择"矩形"工具 ，在适当的位置绘制矩形，填充为黑色，并去除图形的轮廓线，效果如图 11-15 所示。选择"选择"工具 ，选取矩形，再次单击矩形，使其处于选取状态，向右拖曳上方中间的控制手柄到适当的位置，效果如图 11-16 所示。

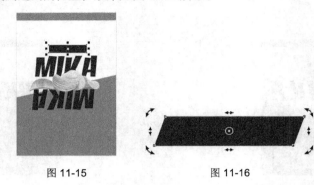

图 11-15　　　　　　　　　　图 11-16

（5）选择"艺术笔"工具 ，单击属性栏中的"笔刷"按钮 ，在"类别"选项中选择"底纹"，在"笔刷笔触"选项的下拉列表中选择需要的图样，其他选项的设置如图 11-17 所示，按 Enter 键。在页面中从右向左拖曳光标，效果如图 11-18 所示。

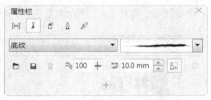

图 11-17　　　　　　　　　　图 11-18

（6）选择"艺术笔"工具 ，单击属性栏中的"笔刷"按钮 ，在"类别"选项中选择"底纹"，在"笔刷笔触"选项的下拉列表中选择需要的图样，其他选项的设置如图 11-19 所示，按 Enter 键。在页面中从右向左拖曳光标，效果如图 11-20 所示。

（7）选择"选择"工具 ，选取需要的图形，将其拖曳到适当的位置，效果如图 11-21 所示。用相同的方法将另一个图形拖曳到适当的位置，效果如图 11-22 所示。

图 11-19　　　　　　　　　　图 11-20

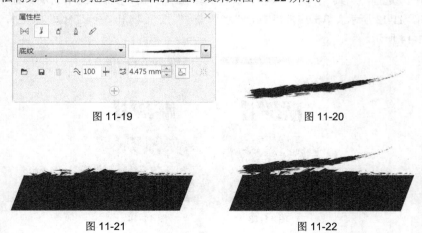

图 11-21　　　　　　　　　　图 11-22

（8）选择"文本"工具 ，在适当的位置输入需要的文字，选择"选择"工具 ，在属性栏中选取适当的字体并设置文字大小，填充为白色，效果如图 11-23 所示。在属性栏中的"旋转角度"

框中设置数值为 358°，按 Enter 键，效果如图 11-24 所示。保持文字的选取状态。在"对象属性"泊坞窗中，选项的设置如图 11-25 所示，按 Enter 键，文字效果如图 11-26 所示。

图 11-23

图 11-24

图 11-25

图 11-26

（9）选择"选择"工具，用圈选的方法将需要的图形和文字同时选取，按 Ctrl+G 组合键，群组图形。再次单击图形，使其处于旋转状态，旋转到适当的角度，效果如图 11-27 所示。选择"文本"工具，在适当的位置分别输入需要的文字，选择"选择"工具，在属性栏中分别选取适当的字体并设置文字大小，效果如图 11-28 所示。

（10）选择"选择"工具，选取需要的文字，填充为白色，效果如图 11-29 所示。用圈选的方法将需要的图形和文字同时选取，再次单击图形，使其处于旋转状态，旋转到适当的角度，效果如图 11-30 所示。

图 11-27

图 11-28

图 11-29

图 11-30

11.1.3　制作标牌

（1）选择"椭圆形"工具，按住 Ctrl 键的同时，绘制圆形，如图 11-31 所示。填充为白色，并设置轮廓线颜色的 CMYK 值为 0、40、100、0，填充图形的轮廓线。在属性栏中的"轮廓宽度"框中设置数值为 2mm，效果如图 11-32 所示。

211

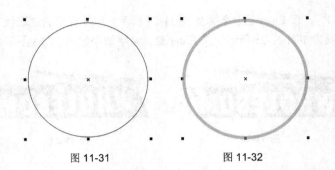

图 11-31　　　　　　　　　　图 11-32

（2）选择"选择"工具 ，选取圆形。按数字键盘上的+键，复制圆形。按住 Alt+Shift 组合键的同时，向内拖曳控制手柄，等比例缩小圆形。设置填充颜色的 CMYK 值为 0、40、100、0，填充图形，并去除图形的轮廓线，效果如图 11-33 所示。

（3）选择"选择"工具 ，选取圆形。按数字键盘上的+键，复制圆形。按住 Alt+Shift 组合键的同时，向内拖曳控制手柄，等比例缩小圆形。设置轮廓线颜色为白色，并去除图形填充色。保持图形的选取状态。在"对象属性"泊坞窗中，选项的设置如图 11-34 所示，按 Enter 键，图形效果如图 11-35 所示。

图 11-33　　　　　　　　　　图 11-34　　　　　　　　　　图 11-35

（4）选择"文本"工具 ，在适当的位置分别输入需要的文字，选择"选择"工具 ，在属性栏中分别选取适当的字体并设置文字大小，填充为白色，效果如图 11-36 所示。按住 Shift 键的同时，将文字同时选取。在"对象属性"泊坞窗中，选项的设置如图 11-37 所示，按 Enter 键，文字效果如图 11-38 所示。

图 11-36　　　　　　　　　　图 11-37　　　　　　　　　　图 11-38

（5）选择"选择"工具 ，选取需要的文字。选择"轮廓图"工具 ，在属性栏中的设置如图 11-39 所示，按 Enter 键，效果如图 11-40 所示。用相同的方法为另一个文字添加轮廓图，效果如图 11-41 所示。

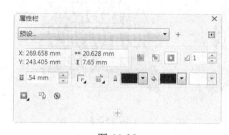

图 11-39

图 11-40

图 11-41

（6）选择"星形"工具 ，在属性栏中的"点数或边数" 框中设置数值为 5，"锐度" 框中设置数值为 39，在适当的位置绘制星形。设置填充颜色的 CMYK 值为 0、100、100、20，填充图形，并去除图形的轮廓线，效果如图 11-42 所示。

（7）选择"选择"工具 ，选取星形，按住 Shift 键的同时，将其拖曳到适当的位置并单击鼠标右键，复制星形，调整其大小，效果如图 11-43 所示。用相同的方法复制星形并调整其大小，效果如图 11-44 所示。

（8）选择"选择"工具 ，用圈选的方法选取需要的星形。按住 Shift 键的同时，将其拖曳到适当的位置并单击鼠标右键，复制星形，效果如图 11-45 所示。

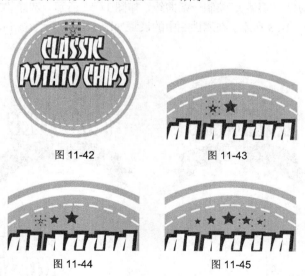

图 11-42

图 11-43

图 11-44

图 11-45

（9）选择"贝塞尔"工具 ，在适当的位置绘制图形，如图 11-46 所示。设置填充颜色的 CMYK 值为 0、100、100、20，填充图形，并去除图形的轮廓线，效果如图 11-47 所示。

（10）再次绘制图形，设置填充颜色的 CMYK 值为 0、100、100、40，填充图形，并去除图形的轮廓线，效果如图 11-48 所示。按 Ctrl+PageDown 组合键，后移图形，效果如图 11-49 所示。

（11）选择"选择"工具 ，选取需要的图形，将其拖曳到适当的位置并单击鼠标右键，复制图形，效果如图 11-50 所示。单击属性栏中的"水平镜像"按钮，水平翻转图形，效果如图 11-51 所示。

图 11-46　　　　　　　　　图 11-47　　　　　　　　　图 11-48

图 11-49　　　　　　　　　图 11-50　　　　　　　　　图 11-51

（12）选择"贝塞尔"工具，绘制一条曲线，如图 11-52 所示。选择"文本"工具，在曲线上单击插入光标，如图 11-53 所示。在属性栏中的设置如图 11-54 所示，按 Enter 键，效果如图 11-55 所示。

图 11-52　　　　　　　　　　　图 11-53

图 11-54　　　　　　　　　　　图 11-55

（13）选择"形状"工具 ，选取曲线，如图 11-56 所示。设置轮廓线颜色为无，效果如图 11-57 所示。选择"选择"工具 ，用圈选的方法选取需要的图形，拖曳到适当的位置，效果如图 11-58 所示。

| 图 11-56 | 图 11-57 | 图 11-58 |

11.1.4　添加其他信息

（1）选择"文本"工具 ，在页面上输入需要的文字，选择"选择"工具 ，在属性栏中选取适当的字体并设置文字大小。设置填充颜色的 CMYK 值为 75、20、0、0，填充文字，效果如图 11-59 所示。在"对象属性"泊坞窗中，选项的设置如图 11-60 所示，按 Enter 键，文字效果如图 11-61 所示。

| 图 11-59 | 图 11-60 | 图 11-61 |

（2）保持文字的选取状态，在属性栏中的"旋转角度" 框中设置数值为 90°，旋转文字，并将其拖曳到适当的位置，效果如图 11-62 所示。用相同的方法制作下方的文字，并填充为白色，效果如图 11-63 所示。

（3）选择"矩形"工具 ，绘制一个矩形，在属性栏中的"圆角半径" 框中设置数值为 5mm，按 Enter 键。填充图形为黑色，并去除图形的轮廓线，效果如图 11-64 所示。

（4）选择"椭圆形"工具 ，在适当的位置绘制椭圆形，填充为白色，并去除图形的轮廓线，效果如图 11-65 所示。选择"文本"工具 ，在适当的位置分别输入需要的文字，选择"选择"工具 ，在属性栏中分别选取适当的字体并设置文字大小，分别填充为白色和黑色，效果如图 11-66 所示。

图 11-62

图 11-63

图 11-64

图 11-65

图 11-66

（5）选择"选择"工具 ，按住 Shift 键的同时，将需要的文字同时选取。在"对象属性"泊坞窗中，选项的设置如图 11-67 所示，按 Enter 键，文字效果如图 11-68 所示。

图 11-67

图 11-68

（6）选择"选择"工具 ，用圈选的方法将需要的图形和文字同时选取，拖曳到适当的位置，效果如图 11-69 所示。选择"文本"工具 ，在适当的位置分别输入需要的文字，选择"选择"工具 ，在属性栏中分别选取适当的字体并设置文字大小，效果如图 11-70 所示。

图 11-69

图 11-70

（7）选择"选择"工具 ，按住 Shift 键的同时，将需要的文字同时选取。在"对象属性"泊坞窗中，选项的设置如图 11-71 所示，按 Enter 键，文字效果如图 11-72 所示。

（8）按 Ctrl+I 组合键，弹出"导入"对话框，打开光盘中的"Ch11 > 素材 > 薯片包装设计 > 02"文件，单击"导入"按钮，在页面中单击导入图片，选择"选择"工具 ，将其拖曳到适当的位置并调整其大小，效果如图 11-73 所示。

图 11-71　　　　　　　　　　　　　图 11-72　　　　　　　　　　　　图 11-73

（9）选择"文本"工具 字，在适当的位置输入需要的文字，选择"选择"工具 ，在属性栏中分别选取适当的字体并设置文字大小，效果如图 11-74 所示。薯片包装平面图制作完成，效果如图 11-75 所示。选择"文件 > 导出"命令，弹出"导出"对话框，将文件名设置为"薯片包装平面图"，保存图像为"JPG"格式。

图 11-74　　　　　　　　　　　　　图 11-75

Photoshop 应用

11.1.5　制作包装底图

（1）按 Ctrl+N 组合键，新建一个文件：宽度为 20cm，高度为 28cm，分辨率为 150 像素/英寸，色彩模式为 RGB，背景内容为白色。

（2）选择"油漆桶"工具 ，在属性栏中设置为"图案"填充，单击"图案"选项右侧的按钮，在弹出的面板中单击右上角的 按钮，在弹出的菜单中选择"彩色纸"命令，弹出提示对话框，单击"追加"按钮。在面板中选择需要的图案，如图 11-76 所示。在图像窗口中单击鼠标填充图案，效果如图 11-77 所示。

（3）新建图层并将其命名为"包装外形"。将前景色设为黑色。选择"钢笔"工具 ，在属性栏的"选择工具模式"选项中选择"路径"，在图像窗口中绘制路径，如图 11-78 所示。按 Ctrl+Enter 组合键，将路径转化为选区，如图 11-79 所示。按 Alt+Delete 组合键，用前景色填充选区，取消选区

217

后，效果如图 11-80 所示。

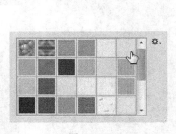

图 11-76   图 11-77

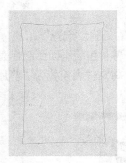      

图 11-78   图 11-79   图 11-80

（4）打开"Ch11 > 效果 > 薯片包装设计 > 薯片包装平面图.jpg"文件，选择"移动"工具 ，将图像拖曳到正在编辑的图像窗口中，并调整其大小，效果如图 11-81 所示，在"图层"控制面板生成新的图层并将其命名为"薯片包装平面图"。按 Ctrl+Alt+G 组合键，创建剪贴蒙版，效果如图 11-82 所示。

图 11-81   图 11-82

11.1.6 添加阴影和高光

（1）新建图层并将其命名为"褶皱 1"。将前景色设为灰色（其 R、G、B 的值分别为 237、237、237）。选择"钢笔"工具 ，在图像窗口中绘制路径，如图 11-83 所示。按 Ctrl+Enter 组合键，将路径转化为选区。按 Alt+Delete 组合键，用前景色填充选区，取消选区后，效果如图 11-84 所示。

图 11-83　　　　　　　　图 11-84

（2）选择"滤镜 > 模糊 > 高斯模糊"命令，在弹出的对话框中进行设置，如图 11-85 所示，单击"确定"按钮，效果如图 11-86 所示。按 Ctrl+Alt+G 组合键，创建剪贴蒙版，效果如图 11-87 所示。用相同的方法制作其他褶皱效果，如图 11-88 所示。

（3）新建图层并将其命名为"暗部"。将前景色设为黑色。选择"画笔"工具 ，单击"画笔"选项右侧的按钮 ，在弹出的面板中选择需要的画笔形状，并设置适当的画笔大小，如图 11-89 所示。在属性栏中将"不透明度"选项设为 24%，"流量"选项均设为 9%，在图像窗口中绘制需要的图像，效果如图 11-90 所示。按 Ctrl+Alt+G 组合键，创建剪贴蒙版，效果如图 11-91 所示。

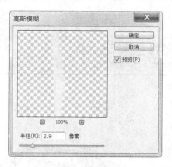

图 11-85　　　　　　图 11-86　　　　　　图 11-87　　　　　　图 11-88

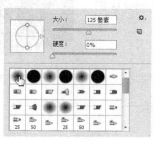

图 11-89　　　　　　　图 11-90　　　　　　　图 11-91

（4）新建图层并将其命名为"亮部"。将前景色设为白色。选择"画笔"工具 ，在图像窗口中绘制需要的图像，效果如图 11-92 所示。按 Ctrl+Alt+G 组合键，创建剪贴蒙版，效果如图 11-93 所示。

（5）单击"图层"控制面板下方的"创建新的填充或调整图层"按钮 ⬛，在弹出的菜单中选择"色阶"命令，在"图层"控制面板中生成"色阶 1"图层，同时弹出相应的调整面板，选项的设置如图 11-94 所示，按 Enter 键，效果如图 11-95 所示。薯片包装设计制作完成。

图 11-92

图 11-93

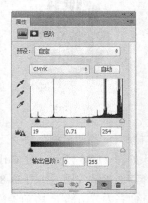

图 11-94

图 11-95

11.2 课后习题——糖果包装设计

习题知识要点

在 CorelDRAW 中，使用矩形工具、形状工具、造形命令和贝塞尔工具绘制包装平面图，使用贝塞尔工具和导入命令制作装饰图形和图片，使用文本工具添加产品信息。在 Photoshop 中，使用选框工具和变换命令制作立体效果，使用钢笔工具绘制包装提手。糖果包装设计效果如图 11-96 所示。

效果所在位置

光盘/Ch11/效果/糖果包装设计/糖果包装.cdr。

图 11-96

第 12 章　网页设计

　　网页是构成网站的基本元素，是承载各种网站应用的平台。它实际上是一个文件，存放在世界某个角落的某一台计算机中，而这台计算机必须是与互联网连接的。网页通过网址（URL）来识别与存取，当输入网址后，浏览器运行一段复杂而又快速的程序，将网页文件传送到用户的计算机中，并解释网页的内容，最后展示到用户的眼前。本章以家居网页设计为例，讲解网页的设计方法和制作技巧。

课堂学习目标　　／　**在Photoshop软件中制作网页**

12.1　家居网页设计

案例学习目标

　　学习在 Photoshop 中使用绘图工具、字符面板和创建剪贴蒙版命令制作家居网页设计。

案例知识要点

　　在 Photoshop 中，使用矩形工具和创建剪贴蒙版命令制作广告栏，使用钢笔工具、矩形工具、文字工具和字符面板制作导航栏和底部，使用矩形工具、椭圆工具和圆角矩形工具制作按钮图形，使用矩形工具、椭圆工具、直线工具和创建剪贴蒙版命令制作网页中心部分。家居网页设计效果如图 12-1 所示。

效果所在位置

　　光盘/Ch12/效果/家居网页设计/家居网页.cdr。

图 12-1

Photoshop 应用

12.1.1 制作广告栏

（1）按 Ctrl+N 组合键，新建一个文件：宽度为 1400 像素，高度为 1200 像素，分辨率为 72 像素/英寸，色彩模式为 RGB，背景内容为白色，如图 12-2 所示。

（2）选择"矩形"工具 ，在属性栏的"选择工具模式"选项中选择"形状"，将"颜色"选项设为紫灰（其 R、G、B 的值分别为 42、39、59），在图像窗口中绘制矩形，如图 12-3 所示。

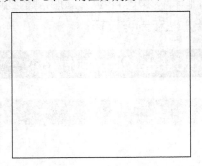

图 12-2   图 12-3

（3）按 Ctrl+O 组合键，打开光盘中的"Ch12 > 素材 > 家居网页设计 > 01"文件，选择"移动"工具 ，将图片拖曳到图像窗口中适当的位置，如图 12-4 所示。在"图层"控制面板中生成新的图层并将其命名为"图片"。按 Ctrl+Alt+G 组合键，创建剪贴蒙版，效果如图 12-5 所示。

图 12-4   图 12-5

12.1.2 制作导航栏

（1）选择"矩形"工具 ，在属性栏中将"颜色"选项设为灰色（其 R、G、B 的值分别为 38、38、38），在图像窗口中绘制矩形，如图 12-6 所示。在适当的位置再绘制一个矩形，在属性栏中将"颜色"选项设为红色（其 R、G、B 的值分别为 204、3、1），效果如图 12-7 所示。

图 12-6

图 12-7

（2）选择"矩形"工具 ▣ ，在属性栏中单击"路径操作"按钮 ▣ ，在弹出的选项中选择"合并形状"，在图像窗口中绘制矩形，如图 12-8 所示。

（3）选择"钢笔"工具 ✐ ，在属性栏的"选择工具模式"选项中选择"形状"，在属性栏中单击"路径操作"按钮 ▣ ，在弹出的选项中选择"合并形状"，在图像窗口中绘制三角形，如图 12-9 所示。

图 12-8

图 12-9

（4）选择"横排文字"工具 T ，在属性栏中设置适当的字体、颜色和文字大小，在图像窗口中适当的位置输入需要的文字，如图 12-10 所示。选择"窗口 > 字符"命令，在弹出的面板中进行设置，如图 12-11 所示，按 Enter 键，效果如图 12-12 所示。

图 12-10　　　　　　图 12-11　　　　　　图 12-12

223

（5）选择"横排文字"工具 $\boxed{T}$，在属性栏中设置适当的字体、颜色和文字大小，在图像窗口中适当的位置输入需要的文字，如图 12-13 所示。用相同的方法在适当的位置输入需要的文字，效果如图 12-14 所示。按住 Shift 键的同时，单击"形状 1"图层，将需要的图层同时选取，按 Ctrl+G 组合键，创建新组并将其命名为"导航"，效果如图 12-15 所示。

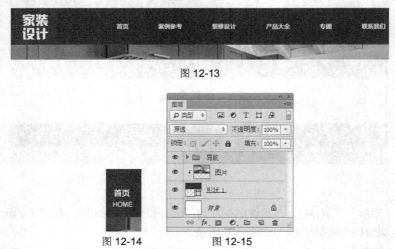

图 12-13

图 12-14   图 12-15

12.1.3   制作按钮

（1）选择"矩形"工具 $\boxed{■}$，在属性栏中将"颜色"选项设为白色，在图像窗口中绘制矩形，如图 12-16 所示。选择"椭圆"工具 $\boxed{●}$，在属性栏中单击"路径操作"按钮 $\boxed{■}$，在弹出的选项中选择"合并形状"，按住 Shift 键的同时，在图像窗口中绘制圆形，如图 12-17 所示。

（2）选择"路径选择"工具 $\boxed{▶}$，选取刚绘制的圆形，按住 Alt+Shift 组合键的同时，将其拖曳到适当的位置，复制圆形，效果如图 12-18 所示。用相同的方法复制其他圆形，效果如图 12-19 所示。

图 12-16   \   图 12-17

图 12-18   图 12-19

（3）按 Ctrl + O 组合键，打开光盘中的"Ch12 > 素材 > 家居网页设计 > 02"文件，选择"移动"工具 ，将图片拖曳到图像窗口中适当的位置，如图 12-20 所示。在"图层"控制面板中生成新的图层并将其命名为"图标 1"。用相同的方法置入其他图标，并拖曳到适当的位置，效果如图 12-21 所示。

图 12-20　　　　　　　　　　　　　　　　　　图 12-21

（4）选择"圆角矩形"工具 ，在属性栏的"选择工具模式"选项中选择"形状"，将"颜色"选项设为灰色（其 R、G、B 的值分别为 60、60、60），将"半径"选项设为 3 像素，在图像窗口中绘制圆角矩形，如图 12-22 所示。

（5）选择"钢笔"工具 ，在属性栏中单击"路径操作"按钮 ，在弹出的选项中选择"合并形状"，在图像窗口中绘制三角形，如图 12-23 所示。

（6）选择"路径选择"工具 ，用圈选的方法选取需要的形状，如图 12-24 所示。按住 Alt+Shift 组合键的同时，水平向右拖曳到适当的位置，复制图形，效果如图 12-25 所示。用相同的方法复制其他图形，效果如图 12-26 所示。

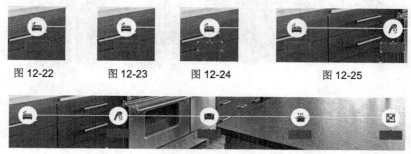

图 12-22　　　　　图 12-23　　　　　图 12-24　　　　　图 12-25

图 12-26

（7）选择"横排文字"工具 ，在属性栏中设置适当的字体、颜色和文字大小，在图像窗口中适当的位置输入需要的文字，如图 12-27 所示。用相同的方法在适当位置输入文字，效果如图 12-28 所示。按住 Shift 键的同时，单击"形状 4"图层，将需要的图层同时选取。按 Ctrl+G 组合键，创建新组并将其命名为"按钮"。

图 12-27　　　　　　　　　　　　　　　　　　图 12-28

12.1.4　制作案例展示

（1）选择"矩形"工具 ，在属性栏中将"颜色"选项设为灰色（其 R、G、B 的值分别为 176、176、176），在图像窗口中绘制矩形，如图 12-29 所示。

（2）按 Ctrl＋O 组合键，打开光盘中的"Ch12 > 素材 > 家居网页设计 > 07"文件，选择"移动"工具 ，将图片拖曳到图像窗口中适当的位置，如图 12-30 所示。在"图层"控制面板中生成新的图层并将其命名为"图片 2"。

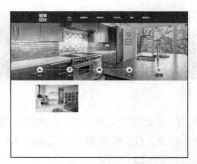

图 12-29   图 12-30

（3）按 Ctrl+Alt+G 组合键，创建剪贴蒙版，效果如图 12-31 所示。选择"横排文字"工具 ，在属性栏中分别设置适当的字体、颜色和文字大小，在图像窗口中适当的位置分别输入需要的文字，效果如图 12-32 所示。

图 12-31   图 12-32

（4）选择"矩形"工具 ，在属性栏中将"颜色"选项设为灰色（其 R、G、B 的值分别为 176、176、176），在图像窗口中绘制矩形，如图 12-33 所示。选择"直线"工具 ，在属性栏的"选择工具模式"选项中选择"形状"，将"颜色"选项设为白色，将"粗细"选项设为 2 像素，在图像窗口中绘制直线，如图 12-34 所示。用相同的方法绘制另一条直线，效果如图 12-35 所示。

图 12-33   图 12-34   图 12-35

（5）选择"路径选择"工具 ，用圈选的方法选取需要的形状，按住 Alt+Shift 组合键的同时，将其拖曳到适当的位置，复制图形，效果如图 12-36 所示。在属性栏中将"颜色"选项设为红色（其 R、G、B 的值分别为 204、3、1），效果如图 12-37 所示。用相同的方法复制其他图形，效果如图 12-38 所示。

（6）选择"直线"工具 ⚋，在属性栏中将"颜色"选项设为灰色（其 R、G、B 的值分别为 176、176、176），在图像窗口中绘制直线，如图 12-39 所示。按住 Shift 键的同时，单击"形状 6"图层，将需要的图层同时选取。按 Ctrl+G 组合键，创建新组并将其命名为"案例展示"。

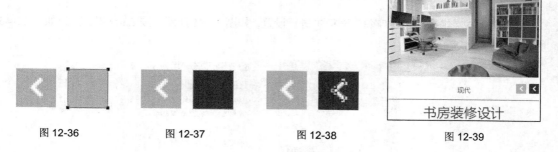

图 12-36　　　　　　　图 12-37　　　　　　　图 12-38　　　　　　　图 12-39

12.1.5　制作新闻栏

（1）按 Ctrl + O 组合键，打开光盘中的"Ch12 > 素材 > 家居网页设计 > 08"文件，选择"移动"工具 ⊕，将图片拖曳到图像窗口中适当的位置，如图 12-40 所示。在"图层"控制面板中生成新的图层并将其命名为"图标 6"。

（2）选择"横排文字"工具 T，在属性栏中设置适当的字体、颜色和文字大小，在图像窗口中适当的位置输入需要的文字，如图 12-41 所示。用相同的方法在适当的位置输入文字，效果如图 12-42 所示。

（3）选择"横排文字"工具 T，在属性栏中设置适当的字体、颜色和文字大小，在图像窗口中适当的位置输入需要的文字，如图 12-43 所示。选择"移动"工具 ⊕，在"图层"控制面板中，按住 Ctrl 键的同时，单击"图标 6"图层，将需要的图层同时选取，单击"左对齐"按钮 ▤，对齐文字，效果如图 12-44 所示。

图 12-40　　　　　　　　图 12-41　　　　　　　图 12-42

📧 最新动态　　　📧 最新动态 NEWS

图 12-43　　　　　　　　　图 12-44

（4）选取文字图层。在"字符"面板中进行设置，如图 12-45 所示，按 Enter 键，效果如图 12-46 所示。

图 12-45　　　　　　　　　　图 12-46

（5）选择"横排文字"工具 T，在属性栏中设置适当的字体、颜色和文字大小，在图像窗口中适当的位置输入需要的文字，如图 12-47 所示。在"字符"面板中进行设置，如图 12-48 所示，按 Enter 键，效果如图 12-49 所示。

图 12-47　　　　　　　　　图 12-48　　　　　　　　　图 12-49

（6）在"图层"控制面板上方，将该文字图层的"不透明度"选项设为 50%，如图 12-50 所示，图像效果如图 12-51 所示。按住 Shift 键的同时，单击"图标 6"图层，将需要的图层同时选取。按 Ctrl+G 组合键，创建新组并将其命名为"新闻"。

图 12-50　　　　　　　　　　　　　　　　　图 12-51

12.1.6　制作设计达人栏

（1）按 Ctrl + O 组合键，打开光盘中的"Ch12 > 素材 > 家居网页设计 > 09"文件，选择"移动"工具 ，将图片拖曳到图像窗口中适当的位置，如图 12-52 所示。在"图层"控制面板中生成新的图层并将其命名为"图标 7"。

（2）选择"横排文字"工具 ，在属性栏中设置适当的字体、颜色和文字大小，在图像窗口中适当的位置输入需要的文字，如图 12-53 所示。

图 12-52　　　　　　　　　　　　图 12-53

（3）用上述方法再次输入需要的文字，效果如图 12-54 所示。选择"椭圆"工具 ，在属性栏中将"颜色"选项设为黑色，按住 Shift 键的同时，在图像窗口中绘制圆形，如图 12-55 所示。

👤 设计达人 DESIGNER

图 12-54　　　　　　　　　　　　图 12-55

（4）按 Ctrl + O 组合键，打开光盘中的"Ch12 > 素材 > 家居网页设计 > 10"文件，选择

"移动"工具 ，将图片拖曳到图像窗口中适当的位置，如图 12-56 所示。在"图层"控制面板中生成新的图层并将其命名为"人物 1"。按 Ctrl+Alt+G 组合键，创建剪贴蒙版，效果如图 12-57 所示。

图 12-56   图 12-57

（5）选择"横排文字"工具 ，在属性栏中设置适当的字体、颜色和文字大小，在图像窗口中适当的位置输入需要的文字，如图 12-58 所示。按住 Shift 键的同时，单击"圆形 1"图层，将需要的图层同时选取。按 Ctrl+G 组合键，创建新组并将其命名为"人物"。选择"移动"工具 ，将图像拖曳到适当的位置，复制图像，效果如图 12-59 所示。

图 12-58   图 12-59

（6）按 Ctrl + O 组合键，打开光盘中的"Ch12 > 素材 > 家居网页设计 > 11"文件，选择"移动"工具 ，将图片拖曳到图像窗口中适当的位置。在"图层"控制面板中生成新的图层并将其命名为"人物 2"，拖曳到"圆形 2"图层的上方，如图 12-60 所示。选择"横排文字"工具 ，选取下方的文字并进行修改，效果如图 12-61 所示。

图 12-60   图 12-61

（7）用相同的方法制作其他达人栏，效果如图 12-62 所示。按住 Shift 键的同时，单击"图标 7"图层，将需要的图层同时选取。按 Ctrl+G 组合键，创建新组并将其命名为"设计达人"，如图 12-63 所示。

图 12-62　　　　　　　　　　　　　　　　图 12-63

12.1.7　制作底部

（1）选择"矩形"工具，在属性栏中将"颜色"选项设为灰色（其 R、G、B 的值分别为 51、51、51），在图像窗口中绘制矩形，如图 12-64 所示。在适当的位置再绘制一个矩形，在属性栏中将"颜色"选项设为深灰色（其 R、G、B 的值分别为 40、40、40），效果如图 12-65 所示。

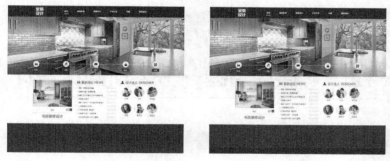

图 12-64　　　　　　　　　　　　　　　　图 12-65

（2）选择"横排文字"工具，在属性栏中分别设置适当的字体、颜色和文字大小，在图像窗口中适当的位置分别输入需要的文字，如图 12-66 所示。

图 12-66

（3）选择"直线"工具，在属性栏中将"颜色"选项设为灰色（其 R、G、B 的值分别为 60、60、60），在图像窗口中绘制直线，如图 12-67 所示。用相同的方法再次绘制直线，在属性栏中将"颜色"选项设为红色（其 R、G、B 的值分别为 204、3、1），效果如图 12-68 所示。

（4）按住 Shift 键的同时，单击"形状 10"图层，将需要的图层同时选取。按 Ctrl+G 组合键，创建新组并将其命名为"底部"。家居网页设计制作完成，效果如图 12-69 所示。

图 12-67

图 12-68

图 12-69

12.2　课后习题——慕斯网页设计

习题知识要点

在 Photoshop 中，使用钢笔工具、矩形工具和自定形状工具绘制图形，使用文字工具添加宣传文字，创建剪贴蒙版命令制作图片剪切效果，使用图层蒙版命令为图形添加蒙版，使用图层样式命令为图片和文字添加特殊效果。慕斯网页效果如图 12-70 所示。

效果所在位置

光盘/Ch12/效果/慕斯网页设计/慕斯网页.cdr。

图 12-70

232